中国生产力促进中心协会智慧城市卫星产业工作委员会
大湾区ICT（信息通信技术）智慧应用创新研究中心　　推荐

智慧照明应用
从入门到精通

牛丽红　张连波　谢毅　编著

化学工业出版社

·北　京·

内容简介

《智慧照明应用从入门到精通》一书，是一本智慧照明应用入门级读物，全书按照智慧照明与智慧城市、智慧照明实现的关键技术、照明智能控制系统设计、城市智慧路灯建设、城市景观亮化智慧照明五章内容进行了详细的介绍，并附录智慧照明应用案例，供读者参考使用。

本书去理论化，简单易懂，全面系统地涵盖了智慧照明的相关知识，适合智慧照明相关领域和对该领域感兴趣的读者阅读，也适合大中专院校的老师、学生以及科普机构、基地的参观者学习参考。

图书在版编目（CIP）数据

智慧照明应用从入门到精通/牛丽红，张连波，谢毅
编著.—北京：化学工业出版社，2021.11
ISBN 978-7-122-39852-9

Ⅰ.①智… Ⅱ.①牛…②张…③谢… Ⅲ.①智能控制-照明技术 Ⅳ.①TU113.6

中国版本图书馆CIP数据核字（2021）第179116号

责任编辑：陈　蕾　　　　　　　　　　　装帧设计：尹琳琳
责任校对：王鹏飞

出版发行：化学工业出版社（北京市东城区青年湖南街13号　邮政编码100011）
印　　刷：北京京华铭诚工贸有限公司
装　　订：三河市振勇印装有限公司
787mm×1092mm　1/16　印张14　字数273千字　2022年1月北京第1版第1次印刷

购书咨询：010-64518888　　　　　　　售后服务：010-64518899
网　　址：http://www.cip.com.cn
凡购买本书，如有缺损质量问题，本社销售中心负责调换。

定　　价：68.00元

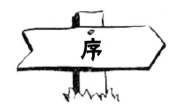

序

随着全球化的发展，人与人之间的关系变得越来越紧密，因此对技术的依赖性也越来越强。新一轮人工智能、5G、区块链、大数据、云计算、物联网技术正在改变人们处理工作及日常活动的方式，大量智慧终端也已开始应用于人类社会的各种场景。虽然"智慧城市"的概念提出已有很多年，但作为城市发展的未来，问题仍然不少。但最重要的，是我们如何将这种新技术与人类社会实际场景有效地结合起来！

传统理解上，人们普遍认为利用数据和数字化技术解决公共问题是政府机构或者公共部门的责任，但实际情况并不尽然。虽然政府机构及公共部门是近七成智慧化应用的真正拥有者，但这些应用近六成的原始投资来源于企业或私营部门。可见，地方政府完全不需要由自己主导提供每一种应用和服务。目前也有许多智慧城市采用了借助构建系统生态的方法，通过政府引导、企业或私营部门合作投资，共同开发智慧化应用创新解决方案。

打造智慧城市最重要的动力是来自政府管理者的强大意愿，政府和公共部门可以思考在哪些领域可以适当留出空间，为企业或其他私营部门提供创新余地。合作方越多，应用的使用范围就越广，数据的使用也会更有创意，从而带来更出色的效益。

与此同时，智慧解决方案也正悄然地改变着城市基础设施运行的经济效益，促使管理部门对包括政务、民生、环境、公共安全、城市交通、废物管理等在内的城市基本服务方式进行重新思考。而对企业而言，打造智慧城市无疑也为他们创造了新的机遇。因此很多城市的多个行业已经逐步开始实施智慧化的解决方案，变革现有的产品和服务方式。比如，药店连锁企业开始变身为远程医药提供商，而房地产开发商开始将自动化系统、传感器、出行方案等整合到其物业管理中，形成智慧社区。

1.未来的城市

智慧城市将基础设施和新技术结合在一起，以改善公民的生活质量，并加强他们与城市环境的互动。但是，如何整合和有效利用公共交通、空气质量和能源生产等领域的数据以使城市更高效有序地运营呢？

5G时代的到来，高带宽的支持与物联网（IoT）融合，将使城市运营问题有更好的解决方案。作为智慧技术应用的一部分，物联网使各种对象和实体能够通过互联网相互通信。通过创建能够进行智能交互的对象网络，门户开启了广泛的技术创新，这有助于改善政务、民生、环境、公共安全、城市交通、能源、废物管理等方面。

每年巴塞罗那智慧城市博览会世界大会，汇集了全球城市发展的主要国际人物及厂商。通过提供更多能够跨平台通信的技术，物联网可以生成更多数据，有助于改善日常生活的各个方面。城市可以实时识别机遇和挑战，通过在问题出现之前查明问题并更准确地分配资源以最大限度地发挥影响来降低成本。

2.效率和灵活性

通过投资公共基础设施，智慧城市为城市带来高效率的运营及灵活性。巴塞罗那市通过在整个城市实施光纤网络采用智能技术，提供支持物联网的免费高速 Wi-Fi。通过整合智慧水务、照明和停车管理，巴塞罗那节省了 7500 万欧元的城市资金，并在智慧技术领域创造了 47000 个新工作岗位。

荷兰已在阿姆斯特丹测试了基于物联网的基础设施的使用情况，该基础设施根据实时数据监测和调整交通流量、能源使用和公共安全等领域。与此同时，在美国波士顿和巴尔的摩等主要城市已经部署了智能垃圾桶，这些垃圾桶可以传输它们的充足程度数据，并为卫生工作者确定最有效的接送路线。

物联网为愿意实施新智慧技术的城市带来了大量机遇，大大提高了城市运营效率。此外，大专院校也在寻求最大限度地发挥综合智能技术的影响力，大学本质上是一个精简的微缩城市版本，通常拥有自己的交通系统、小企业以及自己的学生，这使得校园成为完美的试验场，智慧教育将极大地提高学校老师与学生的互动能力、学校的管理者与教师的互动效率、学生与校园基础设施互动的友好性。在校园里，您的手机或智能手表可以提醒您一个课程以及如何到达课程，为您提供截止日期的最新信息，并提示您从图书馆借来的书籍逾期信息。虽然与全球各个城市实施相比，这些似乎只是些小改进，但它们可以帮助形成未来发展的蓝图，可以升级以适应智慧城市更大的发展需求。

3.未来的发展

随着智慧技术的不断发展和城市中心的扩展，两者将相互联系。例如，美国、日本、英国都计划将智慧技术整合到未来的城市开发中，并使用大数据来做出更好的决策以升级国家的基础设施，因为更好的政府决策将带来城市经济长期可持续繁荣。

Shuji Nakamura（中村修二），日本裔美国电子工程师和发明家，是高亮度蓝色发光二极管与青紫色激光二极管的发明者，被誉为"蓝光之父"，擅长半导体技术领域，现担任加州大学圣芭芭拉分校材料系教授。中村教授获得了一系列荣誉，包括仁科纪念奖（1996）、英国顶级科学奖（1998）、富兰克林奖章（2002）、千禧技术奖（2006）等。因发明蓝色发光二极管即蓝光LED，2014年他被授予诺贝尔物理学奖。

诺贝尔奖评选委员会的声明说："白炽灯点亮了20世纪，21世纪将由LED灯点亮。"

前言

作为智慧城市的重要组成部分，智慧照明是智慧城市的公共服务应用项目之一。将其更好地融合到智慧城市建设的大潮中，具有重要意义。智慧照明目前已经在世界范围内进行使用，在中国也已经有不少城市在使用这种技术以达到智能管理、节约能源的目的。

智慧照明又叫智慧公共照明管理平台、智能路灯或智慧路灯，是通过应用先进、高效、可靠的电力线载波通信技术和无线 GPRS/CDMA 通信技术等，实现对路灯的远程集中控制与管理，具有根据车流量自动调节亮度、远程照明控制、故障主动报警、灯具线缆防盗、远程抄表等功能，能够大幅节省电力资源，提升公共照明管理水平，节省维护成本。

智慧照明系统采用智能物联网架构，将大数据、云计算、人工智能、机器学习、远程运行维护等技术应用到智慧照明系统管理的实际中，全面提升能源的利用效率和智能化水平，构建智慧照明系统数据采集、边缘计算、反向控制、数据分析、策略优化、策略下发和能源预测等功能，通过节能策略的执行和控制，大数据挖掘建模，专家团队远程分析指导，从而实现能源的控制、管理、运行维护一体化。

《智慧照明应用从入门到精通》是一本智慧照明应用入门级读物，全书分智慧照明与智慧城市、智慧照明实现的关键技术、照明智能控制系统设计、城市智慧路灯建设、城市景观亮化智慧照明5章内容进行了详细的介绍，并附录了6个智慧照明应用案例，供读者参考使用。

本书提供了大量的案例，但案例是为了佐证智慧照明在生活、工作中的实践，概不构成任何广告；在任何情况下，本书中的信息或所表述的意见均不构成对任何人的投资建议；同时，本书中的信息来源于已公开的资料，作者对相关信息的准确性、完整性或可靠性做尽可能追索。

本书去理论化，简单易懂，全面系统地涵盖了智慧照明的相关知识，适合智慧照明相关领域和对该领域感兴趣的读者阅读，也适合大中专院校的老师、学生以及科普机构、基地的参观者学习参考。

由于笔者水平有限，书中难免出现疏漏之处，敬请读者批评指正。

编著者

目录

01

第一章　智慧照明与智慧城市

作为智慧城市的重要组成部分，智慧照明是智慧城市的公共服务应用项目之一。将其更好地融合到智慧城市建设的大潮中，具有重要意义。智慧照明目前已经在世界范围内进行使用，在中国也已经有不少城市在使用这种技术以达到智能管理、节约能源的目的。

第一节　智慧照明的概念 ……………………………………………………………3

一、什么是智慧照明 …………………………………………………………………3

二、智慧照明与传统照明对比 ………………………………………………………4

三、智慧照明与碳中和 ………………………………………………………………6

【他山之石】海纳云智慧照明平台的碳中和实践 ………………………………7

第二节　智慧照明与城市发展 …………………………………………………………9

一、城市照明的发展阶段 ……………………………………………………………9

二、发展智慧照明的意义 ……………………………………………………………11

三、智慧照明的发展需求 ……………………………………………………………13

四、智能照明在城市中应用领域 ……………………………………………………14

五、智慧照明发展趋势 ………………………………………………………………16

相光链接　智慧照明产业布局现状 ……………………………………………18

02

第二章　智慧照明实现的关键技术

智慧照明控制系统通过物联网、云计算、智能照明、远程控制等技术根据城市文化特色，定制智能灯光控制方案，对城市灯光进行统筹管控，按节能、平日、节日、重大节日等不同模式实现照明回路的自动打开、关闭、切换等操作，方便管理。

第一节　LED技术与照明 ……………………………………………………………23

一、何谓LED …………………………………………………………………………23

二、LED 的优势 ·· 23

三、LED 光源在照明中的应用 ·· 23

第二节　物联网技术与智慧照明 ·· 28

一、何谓物联网技术 ·· 28

二、物联网技术催化智慧照明 ·· 30

三、智慧照明物联网系统 ·· 32

四、物联网照明控制的应用领域 ·· 35

第三节　大数据技术与智慧照明 ·· 38

一、何谓大数据技术 ·· 38

二、大数据技术在照明中的应用场景 ·· 41

三、数据推动智慧城市照明建设 ·· 41

第四节　5G 技术与智慧照明 ··· 44

一、什么是 5G 技术 ·· 44

二、5G 技术驱动智慧照明的发展 ··· 44

第五节　GIS 技术与智慧照明 ·· 45

一、GIS 技术的定义 ··· 45

二、GIS 系统的组成 ··· 45

三、GIS 系统可实现的功能 ·· 46

四、智慧城市照明管理系统引入 GIS 的重要性 ································· 46

第六节　NB-IoT 通信技术在路灯照明中的应用 ································· 46

一、NB-IoT 具备五大优势 ··· 47

二、NB-IoT 路灯照明应用 ··· 48

第七节　移动通信技术与智慧照明 ·· 49

一、电力线载波技术 ·· 49

二、ZigBee 技术 ·· 51

三、GPRS 技术 ··· 51

四、两种主流控制方式 ·· 53

第八节　太阳能光伏技术与智慧照明 ·· 54

一、何谓太阳能光伏技术 ·· 54

二、太阳能智慧照明 ·· 54

03

第三章　照明智能控制系统设计

照明智能系统是最先进的一种照明控制方式。智能照明系统可对白炽灯、日光灯（专用镇流器）、节能灯、石英灯等多种光源调光，满足各种环境对照明的要求。智慧照明的实现离不开成熟的智能控制系统，如今智控系统在城市照明的方方面面都有应用：大型公共建筑，如会展中心、航站楼、客运站、体育场馆、大型商场等；博物馆、美术馆、图书馆等文化建筑和教学建筑；星级酒店和高档写字楼的宴会厅、多功能厅、会议室、大堂、走道等场所。

第一节　照明智能控制系统概述·································59

一、何谓照明的智能控制系统·································59

二、照明控制系统的基本类型·································60

三、照明智能控制系统的相关技术·························63

四、照明智能控制系统的组成方式·························64

第二节　照明智能控制系统的设计·························69

一、照明智能控制系统的结构和组成·····················69

二、照明智能控制系统的控制功能·························70

三、照明智能控制系统设计的基本步骤···················71

【他山之石】某科技企业智慧照明管理系统方案·········75

第三节　不同场景下的照明智能控制·····················79

一、办公楼、写字楼照明的智能控制·····················79

二、超高层建筑照明的智能控制·····························83

三、地下车库照明的智能控制·······························85

【他山之石】某企业地下车库、停车场照明智能控制方案·······87

【他山之石】××地下车库照明智能控制系统···········90

四、家庭照明的智能控制···································96

五、工厂照明的智能控制···································98

【他山之石】某工厂生产车间智能照明设计方案········102

六、隧道照明的智能控制··································104

【他山之石】某企业隧道智慧照明解决方案············109

七、桥梁照明的智能控制··································110

八、机场照明的智能控制··································114

九、商业综合体照明的智能控制···························117

十、体育场馆照明的智能控制·····························118

十一、校园教室照明的智能控制···························124

第四章　城市智慧路灯建设

在智慧城市的规划建设中，路灯因位置及供电系统两大优势成为物联网在城市中的重点应用场域，而被称为"智慧路灯"。除了实现原来的路灯照明系统的智能化管理外，智慧路灯还是智慧城市建构安全治理的重要平台，集各种功能应用于一身，为实现城市的智慧管理发挥更多的作用。

第一节　智慧路灯概述 ···131

一、什么是智慧路灯 ···131

二、智慧路灯将成为智慧城市的入口 ···133

三、智慧路灯发展趋势 ···135

　　【他山之石】某企业的智慧路灯功能 ·····································135

四、智慧路灯对智慧城市的价值 ···138

五、智慧路灯需求分析 ···138

　　相关链接　智慧路灯的合作方式 ···139

第二节　智慧路灯产品 ···140

一、多功能智慧灯杆 ···140

二、太阳能智慧路灯 ···144

三、LED智慧路灯 ···148

四、智能路灯控制器 ···149

　　相关链接　智能路灯控制器怎样调时间 ···································153

　　【他山之石】某企业的远程路灯智能控制器的功能说明 ············153

五、智能路灯控制柜 ···155

　　【他山之石】某企业路灯回路自动控制箱 ·······························156

六、智能电力测控仪 ···158

七、智慧灯杆数据服务器 ··159

第三节　智慧路灯控制系统 ··159

一、智慧路灯系统解决方案的分类 ··161

二、智慧路灯控制系统的组成 ··162

三、智慧路灯管理系统的设计 ··169

　　【他山之石】某企业智慧路灯系统方案 ···································175

第五章　城市景观亮化智慧照明

目前城市景观亮化及建筑园林景观照明大多采用传统的时控开关控制,在这种方式下,所有景观工程验收后开关灯时间就固化下来,需要靠人工手动调整,人力成本大,控制烦琐。在节假日、重大节日庆典等时段,无法快速、灵活地对观景灯进行调整及控制,更无法进行远程控制和运行故障检测,导致管理部门对景观照明的管理力度和细致度大打折扣。

物联网城市景观远程照明控制系统可以实现城市景观亮化及建筑园林景观照明的节能照明、无极调光、远程监控、远程通知控制等景观智慧照明功能,可以极大降低景观照明能耗,有效提升景观照明管理效率。

第一节　景观照明亮化概述 ⋯⋯⋯⋯⋯⋯⋯⋯⋯⋯⋯⋯⋯⋯ 181

一、何谓景观照明亮化 ⋯⋯⋯⋯⋯⋯⋯⋯⋯⋯⋯⋯⋯⋯⋯ 181

二、城市景观照明亮化的作用 ⋯⋯⋯⋯⋯⋯⋯⋯⋯⋯⋯⋯⋯ 181

三、景观照明亮化与智慧城市 ⋯⋯⋯⋯⋯⋯⋯⋯⋯⋯⋯⋯⋯ 182

第二节　城市景观照明的智能化 ⋯⋯⋯⋯⋯⋯⋯⋯⋯⋯⋯⋯ 183

一、城市景观照明的功能 ⋯⋯⋯⋯⋯⋯⋯⋯⋯⋯⋯⋯⋯⋯⋯ 184

二、城市景观智慧照明设计的要求 ⋯⋯⋯⋯⋯⋯⋯⋯⋯⋯⋯ 184

三、城市景观照明的智能控制系统设计 ⋯⋯⋯⋯⋯⋯⋯⋯⋯ 185

【他山之石】某科技企业楼体亮化智慧照明解决方案 ⋯⋯⋯ 189

【他山之石】某科技企业城市广场景观智慧照明解决方案 ⋯ 191

附录　智慧照明应用案例

案例1　校园照明智能化方案 ⋯⋯⋯⋯⋯⋯⋯⋯⋯⋯⋯⋯⋯ 196

案例2　铁路照明智慧化方案 ⋯⋯⋯⋯⋯⋯⋯⋯⋯⋯⋯⋯⋯ 200

案例3　道路照明智能化方案 ⋯⋯⋯⋯⋯⋯⋯⋯⋯⋯⋯⋯⋯ 205

案例4　隧道照明智能化方案 ⋯⋯⋯⋯⋯⋯⋯⋯⋯⋯⋯⋯⋯ 208

案例5　城市景观亮化智能化方案 ⋯⋯⋯⋯⋯⋯⋯⋯⋯⋯⋯ 209

案例6　停车场照明智能化方案 ⋯⋯⋯⋯⋯⋯⋯⋯⋯⋯⋯⋯ 210

第一章
智慧照明与智慧城市

导言

　　作为智慧城市的重要组成部分，智慧照明是智慧城市的公共服务应用项目之一。将其更好地融合到智慧城市建设的大潮中，具有重要意义。智慧照明目前已经在世界范围内进行使用，在中国也已经有不少城市在使用这种技术以达到智能管理、节约能源的目的。

第 一 节

智慧照明的概念

　　智慧照明，后文也称智能照明，是为人的工作和生活品质提升而服务的，每个人都是体验者，也都是消费者，更是智能的直接受益者。智能照明主要解决空间不同的功能需要、不同个性的视觉感受需要、不同氛围的情感需要、环保及能源节约的需要，以及不同商业目的和价值的需要。

一、什么是智慧照明

　　智慧照明是指利用计算机、无线通信数据传输、扩频电力线载波通信技术、计算机智能化信息处理及节能型电器控制等技术组成的分布式无线遥测、遥控、遥信控制系统，来实现对照明设备的智能化控制。具有灯光亮度的强弱调节、灯光软启动、定时控制、场景设置等功能，并达到安全、节能、舒适、高效的特点。

　　智慧照明要具备图1-1所示的三个特征。

特征一 ▶ **用传感器感知所有物体和环境的状态实现感知化**

实现更透彻的感知，照明环境中的监控摄像头、传感器、RFID系统、数据中心、数据挖掘和分析工具、移动和手持设备、电脑和多媒体终端提供各种丰富的外界数据

特征二 ▶ **智慧路灯是产业专业分工的产物**

LED模组、Wi-Fi/微基站、监控、单灯控制器等模块，都有成熟的厂家，一家企业几乎不可能完成全部模块的研发制造，专业分工和模块化设计是成熟工业产品的必经之路

特征三 ▶ **多功能（智慧型）路灯其实是信息采集、处理和发布的载体**

多功能路灯对城市建设可以带来节约占地需求、整合资源利用、提升城市形象的意义，同时，模块标准化、样式多样化、配置专业化是多功能路灯的未来发展方向

图1-1　智慧照明的特征

二、智慧照明与传统照明对比

（一）控制系统比较

传统方式控制简单，只有开和关；智慧照明控制系统采用调光模块，通过灯光的调光在不同使用场合产生不同灯光效果，以适应不同的氛围。传统控制采用手动开关，需要开或关每一路；智慧照明控制采用低压2次小信号控制，控制功能强、方式多、范围广、自动化程度高，通过实现场景的预设置和记忆功能，操作时只需按一下控制面板上某一个键即可启动一个灯光场景，各照明回路随即自动变换到相应的状态，该功能也可以通过其他界面（如遥控器等）实现。传统控制对照明的管理是人为化的管理；智能控制系统可实现能源管理自动化，通过分布式网络，只需一台计算机就可实现对整幢大楼的管理与控制。

智慧照明系统跟传统照明相比，在对灯光的管控方面更加的智能和便捷。智慧照明系统采用多种智能控制，如定时、远程、集中管理等方式对灯具及灯光进行开关、亮度调节等管理，进而达到节能环保、智慧智能的效果。

（1）智慧照明系统采用集散式控制的监控方式提高了路灯控制的实时性。系统支持根据季节、气候以及特殊节假日的需要，控制区域内任何一盏路灯的开关，提高亮灯的一致性，又可避免由于钟控器走时不准或失控而造成的电能浪费，做到适时、适度照明。比如，随季节变化设定灯具电源开启和关闭的时间；支持在灯具开启的任意时间段设定不同的功率输出值。

（2）采用智慧照明系统后，可对每个灯具的亮度、温度、电压、电流、功率和功率因数进行检测和控制，并及时反馈到控制中心，做到运行和管理人员足不出户即可了解到各处开关灯的情况，实时掌握灯具工作状态，既节省了巡灯运行费用，又大大缩短了响应处理时间。同时，具备完善的故障诊断功能，能做到及时发现故障隐患，防患于未然。

（3）监控中心可以通过LoRa无线通信技术主动查询每盏路灯的开关状态、电流电压、电量等数据。

（4）可对灯具进行单灯以及分组控制，单个集中控制器可以控制1000多个单灯，以满足不同场所应用。

（5）单灯记忆功能，能脱离控制系统独立进行工作，每盏灯在改变其工作参数前都会一直按上一次设置的参数进行反复地开灯、关灯和亮度调节等工作。

两者的控制对比如图1-2、图1-3所示。

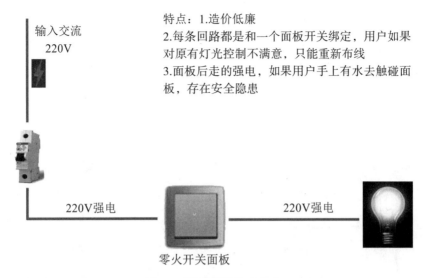

特点：1.造价低廉

2.每条回路都是和一个面板开关绑定，用户如果对原有灯光控制不满意，只能重新布线

3.面板后走的强电，如果用户手上有水去触碰面板，存在安全隐患

输入交流220V

220V强电　　零火开关面板　　220V强电

图1-2　传统照明控制特点

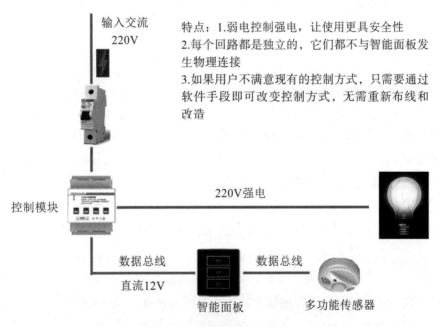

特点：1.弱电控制强电，让使用更具安全性

2.每个回路都是独立的，它们都不与智能面板发生物理连接

3.如果用户不满意现有的控制方式，只需要通过软件手段即可改变控制方式，无需重新布线和改造

输入交流220V

控制模块　　　220V强电

数据总线　　　　数据总线

直流12V　　智能面板　　多功能传感器

图1-3　智慧照明控制特点

（二）线路系统比较

传统照明控制开关直接接在负载回路中，负载较大时，需相应增大控制开关的容量，开关离负载较远时，大截面电缆用量增加，只能实现简单的开关功能。总线式智能照明系统负载回路连接到输出单元的输出端，控制开关用EIB总线与输出单元相连，负载容量较大时仅考虑加大输出单元容量，控制开关不受影响，开关距离较远时，只需加长控

制总线的长度，节省大截面电缆用量。传统照明实现双控时用两个单刀双置开关，开关之间连接照明电缆，多点控制时开关之间的电缆连线增多，使线路安装变得非常复杂，施工难度也增大。总线式智能照明系统双控时只需简单地在控制总线上并联一个开关，进行多点控制时，依次并联多个开关，开关之间仅用一条总线连接，线路安装简单方便，如图1-4所示。

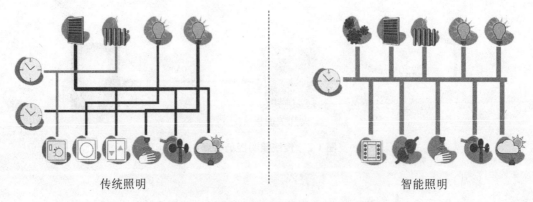

传统照明   智能照明

图1-4　传统照明与智能照明的布线对比

三、智慧照明与碳中和

全球变暖是人类的行为造成地球气候变化的结果。工业化提升人类文明的同时，也给地球带来了高碳问题。为此，我国将碳中和、碳达峰提升到国家战略层面，确定了2030年实现碳达峰，2060年实现碳中和的目标。

"碳"就是石油、煤炭、木材等由碳元素构成的自然资源。"碳"耗用得多，导致地球暖化的元凶"二氧化碳"也制造得多。随着人类的活动，全球变暖也在改变（影响）着人们的生活方式，带来越来越多的问题。

碳达峰是指年度二氧化碳排放量达到历史最高值，之后会经历平台期，进入持续下降的过程。碳达峰是二氧化碳排放量由增转降的历史拐点。

碳中和是指企业、团体或个人测算在一定时间内直接或间接产生的温室气体排放总量，通过植树造林、节能减排等形式，以抵消自身产生的二氧化碳排放量，实现二氧化碳"零排放"。

在能源日益短缺，温室效应越来越严重的情况下，国家和地方政府制定了碳达峰和碳中和的目标，大力号召节能减排、绿色照明，能有效地控制能源消耗，提高路灯寿命，降低维护和管理成本，是现代效能型社会建设的目标，也是城市智慧化建设的必然趋势。

智慧照明的出现，意味着照明已不仅限于"照明"。如何利用智慧照明为人类创造更多价值，如何通过智慧手段实现环保，如何通过智慧照明让人与人、人与社会、人与世界之间沟通更紧密等，这些都是智慧照明的目的，而节能减碳、实现碳中和更是其中的一个方面。智慧照明是"照明"和"智控"的产物，智能系统的引入，使照明可以根据日光变化、区域划分、使用地点而定制不同的灯光效果，甚至构建中央控制室统一控制，覆盖面可广达整座城市（如当下备受关注的5G智慧灯杆），避免传统照明下人工管理、覆盖面窄的低效和浪费。

据Climate News网站报道，照明灯具公司Signify认为，广泛采用智能连接的照明网络可推动实现绿色转型和碳中和。2018年，该公司在迪拜的哈姆丹·本·穆罕默德智能大学（HBMSU）安装了最先进的联网照明系统，这是一个没有电灯开关的学习环境，由Signify的Interact办公平台控制，灯具配备有能够监控人体存在的运动传感器，这些传感器连接到一个集成的建筑管理系统，包括供暖、通风和空调，从而使大学的总能源花费减少了15%。该装置还为教师和学生提供了室内导航，将地理定位代码传输到用户的大学智能手机应用程序，引导他们到达目的地。

电信巨头思科（Cisco）联手Signify与IT基础设施公司Atea的合作也取得了类似的成功。这三家公司在挪威斯塔万格的Atea新工厂实施了Interact办公。所有建筑的主要系统都运行在一个聚合的IP网络上，700多个灯具收集了建筑占用和空间管理的数据，以及温度、相对湿度和二氧化碳水平等环境因素。通过使用这种技术，可以更好地利用大楼中的所有区域和设施，使工作效率更高，员工满意度和舒适度也更高。

【他山之石】▸▸

海纳云智慧照明平台的碳中和实践

作为国内领先的物联网智慧照明生态平台，海纳云智慧照明平台依托大数据管理平台，以智慧灯杆为载体，通过能源整合、场景化操控，打造了海尔云谷样板，探索出城市低碳运行的新路径，为我国实现碳达峰与碳中和目标提供了新的解决方案。

一、智慧照明"组合拳"，解锁园区低碳运行新路径

海尔云谷在海纳云智慧照明平台的赋能下，实现了从工业智慧园区向碳中和智慧园区的转变，成为碳中和科技创新示范区。海尔云谷的智慧照明集约化利用资源，化繁为简，借力5G技术、大数据等技术应用，搭建智慧灯杆、智慧车库照明、智慧泛光照明、智慧景观照明场景解决方案，通过对能源的集中、动态的监控和数字化管理等系列"组合拳"，减少能耗，实现了30%以上的能耗降低。

1.智慧灯杆

在云谷，海纳云智慧灯杆在充分保障了传统路灯照明功能外，利用5G技术的大宽带、超低延时等优势，融合5G微基站、视频监控、LED显示屏、环境信息监测、一键报警、充电桩等多重功能于一杆，真正做到"一杆多用"，在美化道路环境的同时，实现城市资源的集约化利用。同时，管理者可通过IoT管理平台清楚地了解每根智慧灯杆的状态信息，并通过应用灵活的照明策略，对每根智慧灯杆的开关状态、照明亮度进行精准控制，真正实现按需照明，节能效率高达80%。

2.智慧车库照明

智慧车库照明也是能源输出集约的重要组成部分。针对车库照明能耗高、故障频发等痛点，海纳云智慧照明平台为云谷搭建起智慧车库照明解决方案，引入红外动静感应器，当有人或车辆经过时，通过红外动静传感器，可以启动系统设定好的灯光场景，达到车（人）来灯亮、车（人）走灯灭的效果，增加用户体验感的同时，电量降低40%～60%，从而达到减少二氧化碳排放量的目的。

3.智慧泛光照明、智慧景观照明

海纳云智慧照明平台还针对云谷的楼宇和景观亮化定制专属解决方案，有效实现节能降耗，不仅将年耗电费减少约40万元，还大大减少了碳排放量，得到了业界的广泛认可，并且逐渐形成了可复制并且同时进行个性化定制的应用模式。

在解锁园区能源集约化运用新路径的同时，还可将智慧照明解决方案深度布局社区、商业、酒店、市政等多个业态，打造智慧照明全业态矩阵，以点带面助力实现"碳达峰""碳中和"。

二、可复制可推广，助力城市"碳达峰""碳中和"

据2020年数据显示，大型城市内部建筑、电力、交通出行相关产业能源消费产生的温室气体排放量占城市总排放量的90%以上。如果能够通过各项技术实现节能、提高能效，将对实现"碳达峰"做出突出贡献。

当"碳达峰""碳中和"成为焦点议题时，海纳云智慧照明平台用实际应用践行着企业在行业领域内碳中和、碳达峰战略要求，也引领着智慧照明产业智能化、融合化、节能化的发展方向，因地制宜、因时制宜地解决照明能耗难题，海尔云谷的智慧照明解决方案可在多业态复制、推广。

以青岛崂山君澜度假酒店为例，海纳云智慧照明为其量身打造的酒店整体亮化方案，聚焦智慧路灯、车库照明、景观照明等应用场景，通过IoT云平台统一管理，实现酒店园区、道路、景观分时分区照明控制。其中，智慧灯杆可实现24小时无间隙监测监控，对休闲度假客群在意的空气质量等数据进行精准监测和信息推送，并通过智慧灯杆的精准监控定位为酒店的安防等级夯实了基础，将酒店的照明亮化成本降低20%。

而在青岛云玺社区，海纳云智慧景观照明为社区定制专属亮化方案，为社区居民打造了一个夜间行走、观赏、交流的安全和谐的环境，让户外照明不再是仅仅满足亮度，也通过灯光分时分区设置，节约社区公共照明约20%左右的电量，减少光污染，达到低碳环保的最终目的。

此外，在智慧城市的建设过程中，海纳云智慧照明平台积极参与，于青岛市城阳区硕阳路落地131根多功能智慧灯杆。除根据不同时节设置灯亮时间外，海纳云智慧灯杆还可根据不同时段设置照明亮度，在交通高峰时段，照明亮度调为100%，低峰时段，亮度控制在60%～70%。并通过光感控制，在遇上大雾、阴雨等能见度低的恶劣天气，自动开启照明功能，减少耗电、碳排放量的同时为车辆、行人提供最大化便利服务。

在推进城市数字化应用与倡导碳中和、碳达峰并举的当下，海纳云智慧照明以鱼和熊掌兼得之利，进入快速发展的黄金期。

第 ② 节
智慧照明与城市发展

近年来照明产业、照明技术飞速发展，万物互联技术不断突破，大数据业务蓬勃兴起，智慧城市建设加快步伐，智慧照明也被更多的业主接受和采纳。智慧照明开始成为城市照明的重要组成部分，并与整个市政监控管理平台相结合，成为智慧城市的重要组成部分和载体。

一、城市照明的发展阶段

纵观城市照明控制的发展轨迹，大体可以总结为三个大的阶段。

（一）照明传统控制

第一阶段，城市的亮化照明控制的主要特征是：以传统强电回路开关为执行效果、以单灯或局部区域的自动化控制为执行方式。主要代表方案以时钟定时开关控制、光感回路控制、PLC（Programmable Logic Controller，可编程逻辑控制器）回路控制为主要标志。

这些传统控制方式的控制缺陷是显而易见的，比如控制无法系统化、控制无法联动化、无法有效简约的实时操作，且一旦设定亮灯状态修改必须逐一操作，费时费力。另外现场照明设备的工作状态完全无法反馈，无法便捷有效监管。

（二）照明远程控制

为了克服传统控制所产生的问题，城市照明控制很快发展进入第二阶段，该阶段以远程控制为主要功能代表，通过末端照明设备的GPRS（General Packet Radio Service，通用无线分组业务）网络、3G网络、电力线载波等媒介链接到互联网上，实现对末端照明设备的远程控制。这种控制很大程度上解决了城市亮化控制第一阶段较为凸显的问题，可以使城市照明设备在最大限度减少人力巡查的情况下完成第一阶段的照明控制功能。此时所能实现的控制场景还比较单一，且场景内容本身的丰富性也较为苍白，该阶段的城市照明控制系统协议与接口没有统一的标准，建设也是各自为政，建设规范及标准也杂乱无序，而且从管控理念上也未有上升到城市管理的高度。

处于第二发展阶段的时候，整个市场的规范化依然十分不足，这主要表现在以下5个方面。

（1）在建设设计过程中的设备选型问题。很多设计与实施单位照搬工业控制模块或室内照明控制方案到户外灯光控制领域，照搬路灯RTU（Remote Terminal Unit，远程终端控制系统）管理模式到景观亮化照明领域，由于使用环境不同导致其稳定性极差，功能单一也无法实现预期效果等多种问题，造成后期设备运营维护困难，各种现场数据采集及监控信息反馈也严重缺失。

（2）在二次施工过程中的电气设计问题上，很多电气设计存在严重设计不合理问题。比如，过多的控制回路设计导致后续回路控制规整困难、配电箱用电安全容值设计忽略了媒体类介质功率突变等问题。

（3）很多电气设计的不规范还带来了现场电箱配置接线的混乱，承建方为了自己的方便，对线路标识不够严谨，导致后期运营维护方的问题很多。

（4）在施工及灯具生产方面也存在多方面的问题。首先由于施工人员素质问题，施工单位不能完全确保按照电气系统图完成接线，私拉乱接现象时有发生，再者施工工艺本身的不规范也带来诸多潜在问题。

（5）灯具厂商往往都有一些自己的技术壁垒，这导致信号线颜色、线径等未遵循国家标准，为统一的联动控制带来了技术障碍。

所以这一时期的城市照明控制市场不但显得混乱不堪，而且仍然无法算得上城市级，更无法实现城市智能管理。

这一阶段的发展过程中，还可以看到另一个变化，那就是城市照明的被控对象也已经悄然发生了进步性的变化，主要表现为除了传统照明建设，现代城市夜景"舞台化"的发展趋势非常明显，其中以激光、灯光秀演绎、LED多媒体动态演绎、互动灯光为突出代表，此时原有简单的场景构成和场景控制无论是从实现方式还是从智能化操控需求来看都已显得力不从心，随之而来的复杂场景管理及联动需求继续催化着整个行业的向前发展。

（三）智能化控制

基于城市照明控制第二阶段发展中的矛盾，城市照明控制很快进入了智能化控制管理的第三个阶段。目前城市管理者对现阶段控制需求主要体现在如图1-5所示的三个方面。

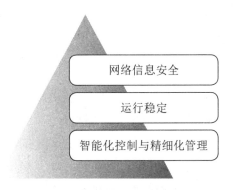

图1-5　对现阶段控制需求的体现

该阶段的城市景观灯光智能控制是基于新一代通信技术结合互联网、物联网的智能化管理，这种智能管理囊括了大区域联动控制、多单元广泛接入、场景演绎表现绚丽多彩等诸多特征。此时的城市照明控制管理已经早早地摆脱了传统的强电回路开关，更为丰富的是接入了弱电动画演绎，具备路灯照明照度适应性自我调节、网络异常后的自主脱机运行、移动远程互联控制、照明场景联动灵活切换、后端平台实时监控等功能。

二、发展智慧照明的意义

智慧照明是一种创新的方法，通过科学的城市规划及对基础设施、设备和公共服务优化管理，通过大数据、大系统共享模式，整合资源避免重复建设，实现全面感知、协同运行、高效管理、智能控制、绿色节能，最终实现城市照明可持续发展，使城市化建设进入更高阶段，如图1-6所示。

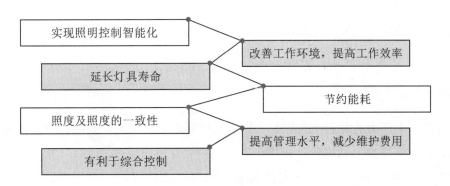

图1-6　发展智慧照明的意义

（一）实现照明控制智能化

采用智能照明控制系统，可以使照明系统工作在全自动状态，系统将按预先设定的若干基本状态进行工作，这些状态会按预先设定的时间相互自动地切换。比如，当一个工作日结束后，系统将自动进入晚上的工作状态，自动并极其缓慢地调暗各区域的灯光，同时系统的探测功能也将自动生效,将无人区域的灯自动关闭,并将有人区域的灯光调至最合适的亮度。此外,还可以通过编程器随意改变各区域的光照度,以适应各种场合的不同场景要求。

智能照明可将照度自动调整到工作最合适的水平。系统最大的特点是场景控制,在同一室内可有多路照明回路,对每一回路亮度调整后达到某种灯光气氛称为场景;可预先设置不同的场景(营造出不同的灯光环境),和切换场景时的淡入淡出时间,使灯光柔和变化。另一特点是时钟控制,利用时钟控制器,使灯光呈现按每天的日出日落或有时间规律的变化。也可利用各种传感器及遥控器达到对灯光的自动控制。

(二)改善工作环境,提高工作效率

传统照明控制系统中,配有传统镇流器的日光灯以100Hz的频率闪动,这种频闪使工作人员头脑发涨、眼睛疲劳,降低了工作效率。而智能照明系统中的可调光电子镇流器则工作在很高的频率(40 ~ 70kHz),不仅克服了频闪,而且消除了启动时的亮度不稳定,在为人们提供健康、舒适环境的同时,也提高了工作效率。

(三)延长灯具寿命

影响灯具寿命的主要因素有过电压使用和冷态冲击,它们使灯具寿命大大降低。智能调光器通常具有输出限压保护功能,即当电网电压超过额定电压220V后调光器自动调节输出在220V以内。当灯泡冷态接电瞬间会产生额定电流5 ~ 10倍的冲击电流,大大影响灯具寿命。智能调光控制系统采用缓开启及淡入淡出调光控制,可避免对灯具的冷态冲击,延长灯具寿命。系统可延长灯泡寿命2 ~ 4倍,可节省大量灯泡,减少更换灯泡的工作量。

(四)节约能耗

随着社会生产力的发展,人们对生活质量的要求不断提高,照明在整个建筑能耗中所占的比例日益增加。据统计,在楼宇能量消耗中,仅照明就占33%(空调占50%,其他占17%),照明节能日显重要,发达国家在20世纪60年代末70年代初已开始重视这方面的工作,特别是从保护环境的角度出发,世界各国都非常重视推行"绿色照明"计划。

智能照明控制系统使用了先进的电力电子技术,能对大多数灯具(包括白炽灯、日光灯、配以特殊镇流器的钠灯、水银灯、霓虹灯等)进行智能调光,当室外光较强时,室内照度自动调暗,室外光较弱时,室内照度则自动调亮,使室内的照度始终保持在恒定值附近,从而能够充分利用自然光实现节能的目的。比如,某饭店为了节电,将全部走廊灯换为5W节能灯,以减少能耗,但带来的问题是节能灯光照舒适度很差,照度降

低，使饭店档次降低。建议采用移动传感器控制。

除此之外，智能照明的管理系统采用设置照明工作状态等方式，通过智能化管理实现节能。

（五）照度及照度的一致性

采用照度传感器，可以达到室内的光线保持恒定。比如，在学校的教室，要求靠窗与靠墙光强度基本相同，可在靠窗与靠墙处分别加装传感器，当室外光线强时系统会自动将靠窗的灯光减弱或关闭及根据靠墙传感器调整靠墙的灯光亮度；当室外光线变弱时，传感器会根据感应信号调整灯的亮度到预先设置的光照度值。新灯具会随着使用时间发光效率逐渐降低，新办公楼随着使用时间墙面的反射率将衰减，这样会产生照度的不一致性，通过智能调光器系统的控制可调节照度达到相对的稳定，且可节约能源。

（六）提高管理水平，减少维护费用

智能照明控制系统对照明的控制是以模块式的自动控制为主，手动控制为辅，照明预置场景的参数以数字式存储在EPROM（Electrical Programmable Read Only Memory,电动程控只读存储器）中，这些信息的设置和更换十分方便，加上灯具寿命的大大提高，使照明管理和设备维护变得更加简单。

（七）有利于综合控制

智慧照明可通过计算机网络对整个系统进行监控，比如了解当前各个照明回路的工作状态；设置、修改场景；当有紧急情况时控制整个系统及发出故障报告。可通过网关接口及串行接口与大楼的BA（Building Automation System-RTU，楼宇设备自控系统）系统或消防系统、保安系统等控制系统相连接。LT-net智能照明控制系统通常由调光模块、开关功率模块、场景控制面板、传感器及编程器、编程插口、PC监控机等部件组成，将上述各种具备独立控制功能的模块连接在一根计算机数据线上，即可组成一个独立的照明控制系统，实现对灯光系统的各种智能化管理及自动控制。

三、智慧照明的发展需求

（一）视觉需求

城市的景观照明亮化工作是建设宜业、宜居、富裕、文明、美丽城市的重要抓手，是提高城市形象、品位、繁荣的重要表现方式。而城市的照明亮化更是能烘托出整个城市的特有韵律，为城市穿上量身定制的服饰，是彰显城市特有魅力的重要手段。这种量

身定制的照明亮化效果涵盖了更多的灯光秀要素进来，其中以激光投影类灯、幕墙类灯具为突出代表，其效果是以多彩绚丽且又不失典雅为主要风格的艺术化呈现，在体现城市固有韵律及人文特征的前提下又能彰显良好的和谐社会氛围。城市的景观亮化照明的重要功能便是呈现和演绎这些色彩出来。

（二）场景需求

视觉需求催生着对演绎场景更为苛刻的要求，比如在不同的庆典节日里，要求城市的景观亮化照明烘托不同的主题，而不同的主题场景要求的场景要素也不尽相同，所以要求场景有着更为复杂和丰富的演绎能力，突出多层次、立体感、互动性等多种需求。除了多样性场景需求外还提出了场景的多要素性，这里的多要素表现在一个场景的联动及场景要素调配能力上，要求场景所能调配的资源甚至不仅仅局限在亮化照明灯具上，甚至可以涵盖音乐喷泉、背景音乐、外广告屏等。在联动演绎的过程中呈现的是全方位的多视角、多形态的切入及表现。

（三）人性化需求

城市景观照明亮化的个性化需求表现在不同区域的差异化问题，比如城市中心的高层建筑的亮化特点、主干道绿化带亮化特点、商场和停车场亮化特点、地质公园和广场的亮化特点、游乐场所的亮化特点、沿海和沿江岸亮化特点，这些都是具有环境特色的不同城市单元，这些需求都要求在做景观照明亮化的过程中必须依据区域特点做针对性的量身定制，通过照明亮化在实现基础应用需求的同时更加凸显特色及与周边城市结构体柔顺衔接与融合。

（四）节能环保需求

随着社会发展的进步，节能环保的理念也日益深入人心，城市是人们的大家园，人们对这个大家园的节能环保要求自然也是与日俱增。而在操作层面实现节能环保主要体现在照明亮化系统的各个应用细节上。比如，道路照明中的随着昼夜时间推移，道路照明的亮度的逐级跟随变化；公共休闲场所的照明设施随着人流的变化做亮度调整，以及根据节假日调整亮化场景等需求。这些看似简单的需求，却是城市照明亮化设备的节能与人性化设计的重要体现。除此之外对于安装在居民楼宇、商务楼宇上的照明亮化设备也要区分对待，以免造成光污染，影响居民居住及商务活动。

四、智能照明在城市中应用领域

智能照明凭借智能控制、安全节能、个性化、人性化设计等特点，在城市照明领域、公共照明领域、工业照明领域、办公领域、家居领域等有较好的应用前景，如图1-7所示。

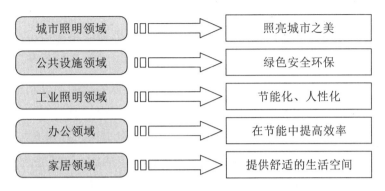

图1-7　智能照明在城市中应用领域

（一）城市照明领域——照亮城市之美

城市照明标志着城市建设的形象和发展，随着人们物质生活水平的提高，对生活的质量要求越来越高，多样丰富的城市空间和景观环境让人们感到舒适、愉快、健康。城市照明不仅是一种视觉体验，更是一种感性的主观意识形态。不少城市正在加强城市照明建设，解决传统照明带来的不便及高能耗。

智能照明控制系统采用电力线载波通信技术，通过现有的供电电力线提供传输媒介，只需安装控制终端、集中器并配置后台软件便可对城市的照明进行远程控制。可以通过电脑、手机等实时在区域、道路、高速公路等电子地图上同步显示路灯状态，了解有灯不亮的情况，预设不同照明场所开灯、关灯时间，根据人流量的不同，实行隔灯亮或调低亮度，到点全自动执行操作，在照亮的同时，不仅减少人工，操作便捷，更能实现节能。

（二）公共设施领域——绿色安全环保

智能化照明在公共设施中的应用非常重要。公共设施照明涵盖范围比较广，包括机场照明、地铁站照明、车站照明、地下停车场照明、图书馆照明、学校照明、医院照明，以及博物馆、体育馆等场所的照明。随着科技的发展，可以在一些路桥隧道内，用智能路灯代替传统路灯，这种"精明"的路灯不仅可以全天候亮灯，而且还能随着太阳光线的强弱而自动调节桥下灯光的强弱，既人性化又节能。

目前，很多桥洞最普遍的问题就是桥下光线太暗，极易发生事故。随着智能化照明开始在桥下和隧道中得到应用，这种状况也慢慢得到了改善。隧道灯的发光强度随着太阳的升起而渐渐增强，午后又会随着太阳的偏西而渐渐减弱，直至关闭白天的照明。根据天气情况、隧道的长度、隧道内路面状况，改善隧道内视觉感受，减轻驾驶员疲劳，有利于提高隧道通畅，保证交通安全。

（三）工业照明领域——节能化、人性化

智能化照明在工业照明领域承担着重要的角色。工业照明主要应用于大型单双层工业厂区厂房建筑，用电量大，包括室内和室外照明，随着工业发展的需求及从作业者的安全考虑，对灯光的要求也更严格。厂房建筑的灯具可以外接照明控制节点，通过智能照明系统预设灯具开关数量和时间，也可以设置亮度；厂房外照明可以根据自然光源的亮度自动调节合适的照度；室内的照明也可以根据不同的需求，随着季节和天气的变化，自动调节适宜的照度，不仅不影响作业，而且更人性化更节能，避免晕眩。

（四）办公领域——在节能中提高效率

大气而美观的办公环境，明亮而舒适的灯光；走进会议室，灯光自动打开，通过预先编程的照明系统自动控制灯光的照度和数量，将室内的灯光调整到最合适的开会状态；会议结束离开房间，灯光自动关闭；当窗外的自然光线在变化，室内的灯光也随之自动调整，节约电能……如此先进的办公照明环境，如今已经开始在各大型的办公楼里呈现。智能化系统的自动感应控制装置可以有效地利用自然光，使照明环境保持恒照度，更可以自动关闭没有人员的区域的照明设备，将不必要的能耗降到最低。随着日常工作的繁忙，人们在办公室待的时间也越来越长，对工作环境也愈加重视，高品质的智能化办公照明进驻办公室，将提升人们的工作效率。

（五）家居领域——提供舒适的生活空间

随着科技的发展和人民生活水平的提高，人们对家庭的办公照明系统提出了新的要求，除了要控制照明光源的发光时间、亮度，还要与家居了系统配合，对不同的应用场合营造相应的灯光场景，更要考虑管理智能化和操作简单化以及灵活性来适应未来照明布局和控制方式变更等要求。照明控制的智能化，使室内灯可以按照预先设置的方式工作，这些预设的状态会按设定的程序循环地工作。智能化照明系统还可以很好地利用自然光照明，根据天气的不同而变化，调整照度到最合适的水平。

五、智慧照明发展趋势

采用互联网技术、物联网技术、新一代通信技术、大数据分析技术、AI人工智能、云端数据分析等新技术和新方法，创造性构建城市智慧照明景观亮化、智能化控制新技术集成，这是未来着力构建具备互联互通、智能控制、智能管理（信息采集、信息处理、

信息决策、指令传输等）、信息服务、信息安全、能源管理、人工智能、协同发展、数据管理、权限管理等一系列智能化控制、精细化管理平台的重要着力点，这也是未来城市智慧照明及景观亮化控制发展的必由之路，如图1-8所示。

图1-8　无线遥控

因为智慧路灯确实能够更加节能、减少碳排放和降低运营成本，一定会是长期的发展趋势。预计将来技术进一步发展，成本将进一步降低，从而带动大规模落地。智慧照明也将集合照明之外的其他城市管理功能，诸如交通监控、通信（如5G微基站等）、安全管理等。智慧路灯将成为城市的一个智慧终端，成为智慧城市重要的组成部分。

智慧城市是立体生态，软件信息服务、系统集成、运营服务、硬件设备制造，每一细分领域都不可孤立看待，在这个全新的智慧城市照明产业链中，政府、底层通信服务商、云平台解决方案提供商、照明厂商等都在一定程度上支撑着智慧城市的全方位建设，更衔接了能源管理、环境监测、协同交通、公共安全、城市管理不同层面的工作。

智慧照明是指利用物联网技术、有线通信技术、无线通信技术、电力线载波通信技术、传感技术、嵌入式计算机智能化信息处理，以及节能控制等技术组成的分布式照明控制系统，来实现对照明设备的智能化控制。智慧照明可达到节能、舒适、安全、高效的目的。

移动互联、物联网、云计算的快速发展，为智慧城市的建设提供了坚实基础，其中，智慧照明利用物联网云平台，在城市整体的照明物联网的基础上增加更丰富的传感设施，将节能照明、公共广播、电子屏信息发布、视频监控、求助报警、环境监测、智能充电桩（给汽车、电动车、手机充电）、无线Wi-Fi等各种对象都纳入感知网络中，可以为智慧城市提供更多的基础数据支撑，扩展更多智慧化服务。

未来，随着智能照明设备的广泛应用，其发展将逐渐向着半导体照明、绿色化、网络化、标准化和个性化方向转变，推动照明方向革新的同时，促进智慧城市的发展建设。

智慧照明不仅仅是单纯的照明，而是以智能照明为基础，在智慧城市中还可以充当载体的角色，我们可以在灯杆上集成很多设备，如安防设备、环境传感、无线AP、监控设备、充电桩等，在智慧城市建设中尤其重要，相当于智慧城市的感知层。

提醒您

智慧照明是一个跨界的、多产业的大融合，也是一个多学科交叉的领域。要实现智慧照明，就要和尽可能多的产业和用户发生联系，形成成熟的产业链及生态圈，有稳定的行业标准，使相关的资源项目区域稳定。

智慧照明产业布局现状

由于移动互联和物联网技术的快速发展，使得智慧城市的建设需求呈现爆发式增长。其中智慧照明集成节能照明、智慧安防、智慧交通、移动通信、文化传媒、智慧家居等功能，是智慧城市建设的最佳载体。智慧照明市场具有巨大的市场前景，成为众企业争相布局的蓝海，各巨头加紧了在智慧照明领域的开拓。

一、照明企业竞相走向智能化

目前飞利浦Hue家族已延伸至灯带、灯具、便携魔灯等适应不同照明需求的硬件领域。同时，飞利浦在开放的软件生态圈内与全球各地的开发者们积极合作，如ABB、荷兰电信公司KPN、思科、苹果HomeKit平台、小米家居、华为等国内外知名通信、科技企业。2016年飞利浦正式提出"光，超乎所见"的未来品牌走向，并针对各种应用领域推出不同的智能互联照明系统，这预示其开始从单一的产品销售公司向系统服务整体提供商过渡。"智能互联不仅仅是connect（连接），connect只是第一步，第二步也是更重要的一步，是collection（集合、整合）。"这是飞利浦对智能照明的新定义。

欧司朗通过第三方物联平台Arrayent，解决物联网兼容性问题，让消费者能够使用智能手机或平板电脑远程个性化操作和编写LIGHTIFY智能照明控制系统，并引入中国市场；发布全球首款Thread网络协议控制的智能LED灯泡，打破地域界限，开放标准原则。

GE与苹果、高通合作，进军智能照明市场，生产能与苹果公司HomeKit兼容的LED灯泡；GE旗下创新型能源公司Current，与英特尔达成商业协议，在智能路灯中应用英特尔物联网（LOT）平台。

欧普照明在智能照明方面推出多款单品，同时与多个智能连接平台实现跨界融合，联合小米、阿里云"阿里小智"、华为等国内科技巨头，推动智能家居落地。在2016年8月的华为HiLink智慧家庭生态发布会上欧普首次发布战略合作产品，与华为的合作迈开实质性的步伐。

鸿雁电器在2016年3月就发布了"鸿米生态、互联互通"智能家居发展战略，并与华为、京东、国网、古北、庆科合作开创中国智能家居发展2.0时代。6月，鸿雁电器正式发布智能家居思远2.0系统，并于9月与阿里智能达成深度合作，一同布局以智能面板为主要控制终端的智能家居系统，打造一个硬软件一体化的智能家居平台。

"飞利浦、欧普、欧司朗、GE等作为传统的照明企业，布局智慧照明，涉足相关领域是迎合目前照明行业发展趋势，维持企业定位、市场占有的必然之路。"杭州意博高科电器有限公司副总工程师认为。

"越来越多企业认识到 LED 照明作为半导体技术的可控性属性，同时，这是在高度同质化竞争格局下的一种差异化竞争思维的选择，而且互联网智能家居生态圈需要智慧照明作为其重要的组成部分。"鸿雁电器总裁道出智慧照明成为香饽饽的原因。

二、通信科技巨头助推照明智能化

华为、中兴等通信科技巨头亦成为智能照明中的"搅局者"，同时也是助推者。2016 年 3 月 15 日，华为强势进入智能照明领域，发布了业界首个多级智能控制照明物联网解决方案，将城市照明路灯统一接入物联网络，基于 GIS 进行可视化管理；而后华为与照明企业开启一系列合作，先是将欧普作为华为在照明行业的首选合作伙伴，后又结伴立达信、中微光电子、鸿雁电器、飞利浦等照企，从家居照明、城市照明、智能照明等多个领域全方位布局照明物联网。

这一场智能照明战役中亦不乏一些二三线及创新型企业的加入。调调科技发布包括超级开关、超级电灯、无线小开关、App 的强大的全新智能照明解决方案；涂鸦智能发布智能硬件创新 3.0 平台，同时推出智能灯泡单品；星宇股份全面布局智能车联网生态圈；瑞斯康、上海三思等企业着重于路灯智能控制系统的升级；欧切斯在调光系统方面融合其他照明控制方式，增加智能元素等。

纵观现阶段各企业的智慧照明布局情况，它们正在从智能照明单品，逐步转向于提供整体智能照明解决方案，并且通过跨领域、跨技术的合作，互补不足，搭建真正的照明物联网。毋庸置疑，这种跨界合作的市场策略是物联网时代下的必然措施。随着上市公司、跨国公司、通信及互联网巨头争相涉足智慧城市及相关照明工程业务，此一生态圈逐步完善，企业之间的竞争也从过去单纯的价格竞争转向技术、资金和资源的多重因素竞争。照明在当中虽然并非主角，但是其作为最重要的介质，随着智慧城市的成熟，将迎来新一轮的产业升级。

第二章
智慧照明实现的
关键技术

导言

智慧照明控制系统通过物联网、云计算、智能照明、远程控制等技术根据城市文化特色，定制智能灯光控制方案，对城市灯光进行统筹管控，按节能、平日、节日、重大节日等不同模式实现照明回路的自动打开、关闭、切换等操作，方便管理。

第 ① 节

LED技术与照明

近年来，为降低能耗，减少碳排放，很多城市的市政部门开始大量在街道和建筑物上应用LED（Lighting Emitting Diode）照明，使得LED的使用大幅增长。LED照明技术在我国城市照明体系当中，已经成为主流，取代了绝大部分的普通光源的照明，近几年来，LED用于商业领域更加普遍，各种各样的照明控制系统逐渐出现，这就为LED应用在城市照明系统提供了主要推动力。

一、何谓LED

LED被称为第四代照明光源或绿色光源，具有节能、环保、寿命长、体积小等特点，可以广泛应用于各种指示、显示、装饰、背光源、普通照明和城市景观照明等领域。

LED即发光二极管，是一种半导体固体发光器件。它是利用固体半导体芯片作为发光材料，在半导体中通过载流子发生复合放出过剩的能量而引起光子发射，直接发出红、黄、蓝、绿、青、橙、紫、白色的光。LED照明产品就是利用LED作为光源制造出来的照明器具。LED技术始于20世纪50～60年代，已经广泛应用于工业生产和家庭生活，如电子表、数字式万用表、LED液显电视机、微机液晶显示器、交通信号灯等，应用实例举不胜举。现在科技人员研制出的大功率LED照明光源系列产品通过鉴定，填补了国内此类产品的空白，并以此打开了局面，开始向产业化发展。

二、LED的优势

LED被誉为21世纪的绿色照明产品，如今几乎全世界的目光都聚焦在这个新型的光源上，与传统光源相比，有着无可比拟的优势，如图2-1所示。

三、LED光源在照明中的应用

LED光源除了大量用于各种电器及装置、仪器仪表、设备的显示外，主要集中在照明领域。

高节能	☞	节约能源无污染即为环保。直流驱动，超低功耗（单管0.03～0.06W），电光功率转换较高，相同照明效果比传统光源节能。LED是高节能的光源，作为直流驱动，其单管功率为0.03～0.06W，电光转换率高达百分百。单管驱动反应速度快，在电压范围为1.5～3.5V，电流为15～18mA，可以高频操作，传统白炽灯光源是其耗电量的8倍，荧光管耗电是其2倍。LED作为环保无污染光源，代替传统光源，可以每年节约60亿升原油。比如，作为桥护栏灯用每个功率为8W的LED照明，可以代替40W的日光灯，并且可以发出多种颜色的光
寿命长	☞	LED光源有人称它为长寿灯，意为永不熄灭的灯，由环氧树脂封装，灯体不会因为外界机械撞击而松动，不存在电子光场辐射发光，不容易热沉积、灯丝易烧、光衰等，平均使用寿命可以达到5～10年，比传统光源寿命长10倍以上。LED灯不仅体积小，而且维护费用低，避免长期更换
多变幻	☞	LED光源可利用红、绿、蓝三基色原理，在计算机技术控制下使三种颜色具有256级灰度并任意混合，即可产生256×256×256=16777216种颜色，形成不同光色的组合，变化多端，实现丰富多彩的动态变化效果及各种图像
利环保	☞	环保效益更佳，光谱中没有紫外线和红外线，既没有热量，也没有辐射。由于LED光源启动时间短、反应速度快，体积小、重量轻，便于开发小型照明产品，方便安装，而且寿命长，结构牢固可以抗震抗冲击，在公共环境中使用比较安全，而且废弃物可回收，没有污染，不含汞元素，冷光源，可以安全触摸，属于典型的绿色照明光源
高新尖	☞	与传统光源单调的发光效果相比，LED光源是低压微电子产品，成功融合了计算机技术、网络通信技术、图像处理技术、嵌入式控制技术等，所以也是数字信息化产品，是半导体光电器件"高新尖"技术，具有在线编程、无限升级、灵活多变的特点
安全可靠	☞	LED作为固体冷光源没有热量，光谱中没有红外线和紫外线，没有辐射，而且无眩光，能精确控制发光角度及光型，其光色柔和，没有污染，不含钠、汞元素等污染物，可以安全触摸，环保效益更好

图2-1　LED的优势

（一）景观照明领域

景观照明市场近几年一直是LED照明的最大市场之一，主要原因是来自政府的推动。LED功耗低，在用电量巨大的景观照明市场中具有很强的市场竞争力，因此LED照明已经越来越多地应用到景观照明市场中。目前景观照明市场主要以街道、广场等公共场所装饰照明为主。由于LED光源具有节能环保、低压安全、轻巧耐用、色彩丰富、简单易控等一系列优点，在景观照明中具有广泛的应用市场，重庆、上海、广州、厦门、沈阳、哈尔滨等城市已建成一批LED景观照明示范工程。

在奥运和世博LED示范工程带动下，北京、上海、青岛等地将继续建设一批LED景观照明工程，这些工程扩大示范效应将进一步促进其他中小型城市采用LED景观照明，从而加快我国LED景观照明在不同地区与城市的大面积使用。

（二）汽车市场

LED被称为第四代汽车光源，虽然一次性投入较高，但拥有白炽灯无法比拟的优点，如LED车灯具有节能、长寿、低热、无延迟、色纯度高、抗震等诸多特点，已成为卤素灯、钨丝灯的必然取代产品。每台车内部LED应用于仪表板、阅读灯，外部应用则为头灯、方向灯、尾灯、刹车灯等。

（三）交通灯市场

由于红、黄、绿光LED有寿命长、省电及亮度高等优点，在交通信号灯市场的需求大幅增加。厦门市自2000年采用第一座LED交通信号灯后，如今全市100多座交通信号灯已有近70%更换为LED；上海市则明文规定，新的交通信号灯一律采用LED。

（四）专用普通照明

专用普通照明用于便携式照明（手电筒、头灯）、显微镜灯、照相机闪光灯、台灯、路灯、阅读照明（飞机、火车、汽车的阅读灯）、低照度照明（廊灯、门牌灯、庭院灯）等。

或用于恶劣工作环境之中，如应急灯、安全指示灯、矿灯、防爆灯。

（五）安全照明

由于LED光源具有密封性好、耐候性强、抗震性高，以及体积小、便于携带、热辐射低等特点，可广泛应用于军事行动、矿山、防爆、野外作业等特殊工作场所或恶劣工作环境之中。

（六）特种照明

特种照明有医用治疗灯、医用手术灯（无热辐射）、农作物和花卉专用照明灯、军用照明灯（无红外辐射）等。

（七）路面照明

随着大功率LED成本的不断降低，以及LED路灯的如下优点，LED灯具逐步替代传统灯具已成为可能。LED光源在道路照明中的应用已成为近年来半导体照明行业的热点。

（1）节能环保，节省能源70%。

（2）对光照面的均匀度可控，理论上可以做到在目标区域内完全均匀，可避免传统光源"灯下亮"现象中的光浪费。

（3）维护成本低，大功率LED光源可以正常使用10年不用更换，而传统高压钠灯平均1年半就要更换一次。

（4）显色性好，LED的显色指数（Ra）高（75～80），路面更明亮，而高压钠灯光谱窄，显色性差（20～40），感觉路面昏暗。

（八）显示屏应用领域

我国LED显示屏起步较早，市场上出现了一批具有较强实力的生产厂商，已经形成了一个配套齐全的成熟行业。目前我国LED显示屏已经广泛应用到机场、体育场馆、医院、市政广场、车站、银行、证券所、演唱会等公共场所。

（九）小尺寸LCD背光源领域

国内小尺寸（7寸以下）背光源市场约20亿元规模。LED已在手机、MP3、MP4、DC/DV及PDA等小尺寸LCD面板领域取得了成熟广泛的应用与普及。

（十）室内照明领域（商业照明领域）

LED在室内照明工程中的应用主要集中在商业照明领域（见表2-1），以装饰性照明为主。

表2-1 室内照明领域（商业照明领域）

序号	场所	说明
1	中高档专卖店、商场等室内商业气氛照明	LED光源节能环保、无紫外线，迎合了某些商家展示个性化光环境的心理，成了一些商家针对某些特殊产品展示的首选光源；它全光谱的色彩范围很适合烘托专卖店和商场的气氛，LED光源在局部照明、重点照明和区域照明方面的优势，能营造出其他传统照明电光源所无法比拟的高质量光环境，非常适合商业照明领域。这时候，价格成了次要考虑的因素

续表

序号	场所	说明
2	娱乐场所、美容院照明	LED集成光源全彩易控，可以创造静态和动态的照明效果，从白光到全光谱的任意颜色，渲染出一种强烈的娱乐气氛，LED的出现给这类空间环境的装潢设计开启了新的思路
3	酒吧、咖啡厅等休闲场所的气氛照明	LED光源体积小、固态发光，给了灯具生产商无限的发挥空间，可以专业制作各式不同风格的LED灯具，而LED全光谱的任意颜色和动静态的照明效果让它的装饰性和制造情调的功能在这一类场所表现得淋漓尽致
4	博物馆、美术陈列馆等专业场所的照明	博物馆、美术陈列馆等场所属于对照明环境要求较高的特殊场合，其展示物品的特殊性要求照明光源不含紫外线，没有热辐射。LED是冷光源，光线中不含紫外线，完全可以满足博物馆、美术陈列馆对照明的特殊要求
5	商业性剧场、电视演播厅舞蹈和摄影的舞台照明	LED光源在室内照明的应用，给剧场、演播厅的照明环境诠释了一个新的概念，以下是2005年LED应用的获奖项目之一：作为一流的英国电视台，GMTV将演播室的照明改为变色LED，照明方面的能源利用减少了60%以上，演播室的温度也降到更为舒适的程度；iVision的Lumos Drive 36可提供2.5～4.0 kHz的LED脉冲，而不是会产生闪动电视影像的50～60 Hz，这使得演播室的更改切实可行；变色筒灯、鸟状装饰以及变色带为不同的节目段创造出独特的色彩及标识；荧光配件为LED安装提供常规及背光支撑。此套系统预计在39周内就可以获得等值回报
6	酒店、宾馆照明	酒店、宾馆的照明运用LED产品，或是在大堂，或是在客房，给顾客带来一种不一样的感受，除了节约能源之外，还能尽显豪华和温馨，对业主而言，LED营造的个性化的光环境可以充分地彰显企业的实力
7	会议室、多功能厅照明	智能化控制的LED灰度可调，可以依据会议内容的不同调整会议室或多功能厅的照明环境，严肃或是活泼可以自由设定，LED智能化照明可以满足不同会议主题对光环境的需求
8	展览会、时装表演照明	展览会、时装表演是商家展示其产品和服务的场地。对商家而言，为了更好地吸引顾客，推销商品并最终达成合作协议，他们需要个性化的光环境来展示其产品和服务，LED在展览会和时装表演照明领域大有用武之地
9	起居室和家庭影院照明	利用LED的灯光色彩来烘托一种温暖、和谐、浪漫的情调，体现舒适、休闲的氛围，LED的应用为家居照明诠释了另一种意义

（十一）农业生产用人工光源领域

农业生产中的植物光照与动物培育生长所用人工光源，主要有高压钠灯、荧光灯、卤素灯、白炽灯等。长久以来，发光效率高、均匀度以及光质好的人工光源一直是业界关注与努力的重点与方向。与传统人工光源相比，LED具有体积小、寿命长、波长固定、直流驱动、绿色节能，以及光强、光质、红蓝光比例或红红外光比例均可调整，和冷却负荷低、单位面积栽培量高等一系列优点。

（十二）医疗用光源领域

科学试验证实，LED光源具有消炎、杀菌及诱导促进人体组织变化、影响人体生物节律等医疗效果，因此，迄今已有大量LED光源治疗皮肤、视力、伤口以及美容等成功医疗案例。如结合蓝光与红光并用治疗轻微至中度严重的青春痘；利用LED红光的消炎效用治疗皮肤溃疡与辅助伤口愈合。LED光源在人体诊断与治疗方面存在广泛的应用，预计未来面向医疗的LED市场将会逐步扩大。

（十三）航空照明光源领域

LED照明航空应用产品种类繁多，如灯塔灯、跑道信号灯、闪灯、航空灯、机场灯、障碍预警灯、飞机内灯、飞机外灯等。国际著名企业波音公司已经指定LED照明系统用于全新的波音787梦幻客机（Dreamliner）主舱，为旅客飞行提供更舒适休闲的航空旅行体验。此外，该系统由LED的入口灯、走廊灯、天花板灯具、侧墙灯具和重点照明灯组成，提供了较低的维护成本和较长的修理间隔等附加优势。

第 二 节

物联网技术与智慧照明

物联网的崛起，将科技产业的发展推向另一新的层次。通过各种传感器收集用户、环境和其他的信息，并进行数据分析、进行设备调节的智能系统，为智慧照明产业带来新的发展契机。

一、何谓物联网技术

（一）什么是物联网

物联网就是物物相连的互联网；基于互联网、传统电信网等信息承载体，让所有能够被独立寻址的普通物理对象实现互联互通的网络。

通俗地讲，物联网是指各类传感器、RFID（Radio Frequency Identification，射频识别，

俗称电子标签）和现有的互联网相互衔接的一个新技术，以互联网为平台，多学科、多种技术融合，实现了信息聚合和泛在网络。这有以下两层意思。

第一，物联网的核心和基础仍然是互联网（网络具有泛在性和信息聚合性，如图2-2所示），是在互联网基础上的延伸和扩展的网络。

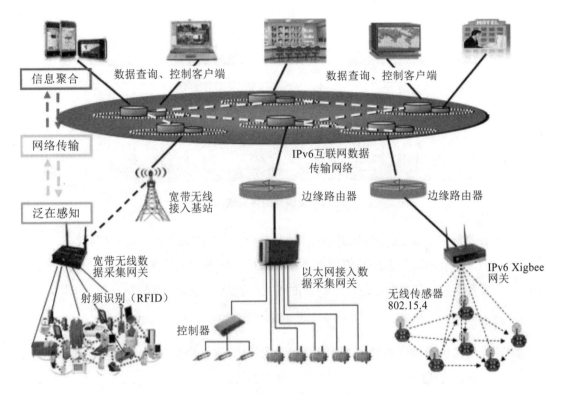

图2-2　物联网产业链——网络泛在性和信息聚合性

第二，其客户端延伸和扩展到了任何物品与物品之间，进行信息交换和通信，物联网就是"物物相连的互联网"。

物联网是下一代互联网的发展和延伸，因为与人类生活密切相关，被誉为继计算机、互联网与移动通信网之后的又一次信息产业浪潮。

（二）物联网的体系结构

物联网的体系结构如图2-3所示。它可分为3层：感知层、网络层和应用层。

1.感知层

感知层相当于人体的皮肤和五官，主要用于识别物体，采集信息包括二维码标签和识读器、RFID标签和读写器、摄像头、传感器及传感器网络等。

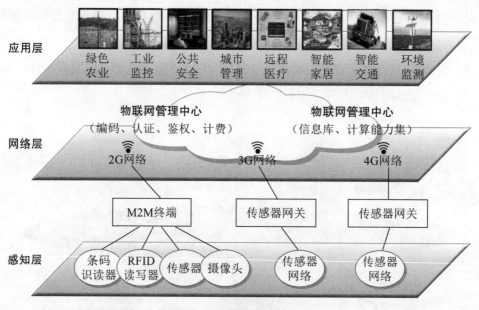

图2-3 物联网的体系结构

感知层要解决的重点问题是感知、识别物体，通过RFID电子标签、传感器、智能卡、识别码、二维码等对感兴趣的信息进行大规模、分布式地采集，并进行智能化识别，然后通过接入设备将获取的信息与网络中的相关单元进行资源共享与交互。

2.网络层

网络层相当于人体的神经中枢和大脑，主要用于信息传递和处理，包括通信与互联网的融合网络、物联网管理中心、物联网信息中心等。

网络层主要承担信息的传输，即通过现有的三网（互联网、广电网、通信网）或者下一代网络NGN（Next Generation Networks），实现数据的传输和计算。

3.应用层

应用层相当于人的社会分工，与行业需求结合，实现广泛智能化，是物联网与行业专用技术的深度融合。

应用层完成信息的分析处理和决策，以及实现或完成特定的智能化应用和服务任务，以实现物与物、人与物之间的识别与感知，发挥智能作用。

二、物联网技术催化智慧照明

物联网技术如同一种催化剂，推动了照明行业的加速转型升级，无论是室内的家居照明，还是室外的商业照明，均爆发性生长，所以总是有专业人士预计在哪一年物联网节点会达到多少个亿，其实在这个数量级别里面有一大份是由照明节点组成。试想，一个城市，除了建筑以外，路灯应该就是遍布广泛、最有规则性的，将每一个路灯看成一个"物"节点，将每个路灯两两连接，之间形成的网链则是覆盖住城市建筑的网罩，这就意味着城市智慧发展，会依赖于照明来实现。

所以在照明领域，灯就是一个"物"，再通过一个互联网通信技术，将其连接到一个虚拟的网络中，就是最简单的照明基于物联网技术的实现。基于物联网技术的照明升级给照明领域带来以下4点效益。

（一）经济效益

这一点在城市的路灯照明上尤其显著，道路照明是市政设施中主要的耗电设施，因此道路照明成为绿色节能和环保的重要突破口。每个照明节点基于物联网技术，在联网后其照明变成可以受控，如开关灯、调光等，直接带来的效益就是节能率提升和照明源的寿命延长。

（二）社会效益

物联网技术有助于提升城市的形象、美化居室环境，给人们提供更加安全和舒适的照明环境。早期路灯故障不能及时维护，城市中总会有一个角落没有光明，家居楼宇照明要么高亮要么全灭。如今物联网技术的引入，城市的户外照明故障能够及时被发现，家居能根据环境温度调节色调，根据人的活动情况调节光线。这一系列都是物联网技术带来的社会效益。

（三）管理效益

路灯节点的网络接入，实现了海量数据的管理仅需要一台电脑，或一部手机，整个城市的路灯管理水平因此提高了，管理工作人员从繁复的巡检工作中解放出来，降低了工作强度和经营管理成本。细到家庭，每个房间的照明都可以通过一部手机操作，轻松实现开灯、调光、调色等管理。

（四）环保效益

物联网技术，是一种基于电能为能源的技术，其特点是低能耗，对城市电网无高频干扰，对市区环境无强电磁波污染，符合当今社会环保的发展趋势。

现在，随着社会的发展和人们对于照明要求的不断提高，智能照明系统也在朝着结构多样化、应用扩大化的方向快速发展，照明领域对于物联网技术的引入需求是不可抵挡的。

三、智慧照明物联网系统

智慧照明物联网系统是基于无线传感器网络（WSN，Wireless Sensor Networks）、射频识别（RFID，Radio Frequency Identification）、电力线载波（PLC，Power Line Communication）、智能传感器等物联网技术，与LED照明技术融合发展的新一代照明智慧管理系统。

系统以GIS（电子地图）为基础，集单灯、线路及配电箱监控、调度管理、评价考核、照明设施资产管理、专家分析等系统于一体，为城市、企业、港口码头等提供全面的智慧照明物联网解决方案。

（一）基于物联网技术的智慧照明控制系统的作用

基于物联网技术的智慧照明控制系统，可自动从各种传感器中采集状态数据，并对控制器进行实时调节以适应不同要求，具体具有以下作用与意义。

1.全自动调光

众所周知，灯具效率和墙面反射率会随时间推移而衰减，设计照度是一个在寿命期内的平均值，因此初始照度均高于需要的照度，而后期照度则不足。这不仅造成照度的前后不一致，而且还会由于开始时照度偏高而造成不必要的能源浪费。而采用智慧照明控制后，由于可以智能调光，系统将自动使照明区域保持恒定的照度，而不受灯具效率降低和墙面反射率衰减的影响。

2.对自然光源充分利用

当天气、时间发生变化时，智慧照明物联网系统可以自动调节，以保证室内的照度维持在预设水平。对自然光的调节可通过控制百叶窗的角度、窗帘的开合，以及利用导光管和光导纤维将外部自然光导入室内并进行调节，从而实现对自然光源的充分利用。

3.运行节能系统

智慧照明物联网系统能对大多数灯具（包括白炽灯、LED灯、无极灯、可调光的荧光灯、配调光控制器的钠灯、金卤灯等）进行智慧调光，在需要的地方、需要的时间给予充分的照明，及时关掉不需要的灯具，调节灯具的亮度。这种自动调节照度的方式，充分利用室外的自然光，只有当必需时才把灯点亮或点到要求的亮度，利用最少的能源保证所要求的照度水平，节电效果十分明显，一般可达30%以上。

4.延长光源寿命

众所周知，光源和电器损坏的主要原因是电网的浪涌电压和过电压，采取智慧调光则可以延长光源的寿命。延长光源寿命不仅可以节省资金，而且大大减少更换灯管的工作量，降低了照明系统的运行费用，管理维护也变得简单。智慧照明物联网系统可以抑制电网的浪涌电压，同时还具备了电压限定和轵流滤波等功能，避免过电压和欠电压对光源的损害。采用软启动和软关断技术，避免了冲击电流对光源的损害。通过上述方法，光源的寿命通常可延长 2 ～ 4 倍。

5. 改善工作环境，提高工作效率

良好的工作环境是提高工作效率的一个必要条件。良好的设计，合理地选用光源、灯具及优良的照明控制系统，都能提高照明质量。智慧照明物联网系统以调光模块控制面板代替传统的平开关控制灯具，可以有效地控制各房间内整体的照度值，从而提高照度均匀性。同时，这种控制方式内所采用的电气元件也解决了频闪效应，不会使人产生不舒适、头昏脑涨、眼睛疲劳的感觉。

6. 实现多种照明效果

多种照明控制方式，可以使同一建筑物具备多种艺术效果，为建筑增色不少。现代建筑物中，照明不单纯是为满足人们视觉上的明暗效果，更应具备多种控制方案，使建筑物更加生动，艺术性更强，给人丰富的视觉效果和美感。

7. 管理维护更方便

智慧照明物联网系统对照明的控制是以模块式的自动控制为主，手动控制为辅，照明预置场景的参数以数字式存储在 EPROM 中，这些信息的设置和更换十分方便，使照明管理和设备维护变得更加简单。

（二）智慧照明物联网系统的架构

智慧照明物联网系统由物联网感知层、网络层和应用层组成，如图2-4所示。

1. 感知层

感知层由智慧照明灯具、智能手机、照度传感器等组成。智慧照明灯具主要采集单灯的电气参数，同时接收来自智能管理平台的指令，以便对单灯进行相应的智能控制，以实现单灯的精细化管理。

2. 网络层

网络层是系统信息交换的桥梁，由电力线载波、GPRS、以太网路由器等设备组成。

3. 应用层

应用层是整个系统的"大脑"，系统大部分功能都在该层得以实现。该层由计算机、

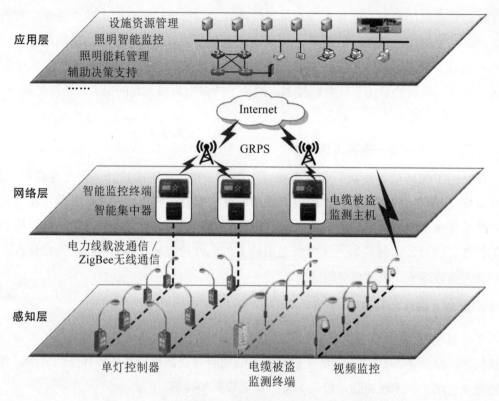

图2-4　智慧照明物联网系统的架构

服务器和系统软件等组成。一般城市由于处理的数据量大，需要配置多台服务器才能满足需要，其分别是采集、地图、数据库、应用服务、定位与调度、接口等服务器。而在企业应用中，只需采用数据库和应用服务两台服务器即可满足要求。

（三）智慧照明物联网的基础设施——智慧灯杆

智慧灯杆搭载各类传感器和网络通信设备，具有通电、联网、分布广泛等特点，像神经元渗透到城市的公路、街道及社区等各个角落。而物联网实现万物互联离不开广泛分布的传感器和无处不在的通信网络，因此智慧灯杆被视为物联网的必要基础设施。

1.智慧灯杆是物联网通信基础设施的最佳载体

根据市政设施规范要求，道路灯杆间距一般不超过灯杆高度的3倍，在20～30米，未来智慧灯杆作为分布最广、最密集的市政设施，具有成为物联网通信连接点的天然优势。智慧灯杆可作为载体，建立通信基础设施，通过无线或有线的方式对外延伸，提供包括无线基站、公共Wi-Fi、光传输等服务。5G作为解决物联网数据传输高可靠低延时场景的应用需求的新一代无线通信技术，频率较高、真空损耗较多、传输距离较短、穿透能力较弱，需要增加的补盲点远高于4G，智慧灯杆的密集度、挂载高度、精准坐标、完整供电等特点完全符合5G基站的组网需求。目前有些城市规划的5G基站中，约有80%规划搭载在灯杆上。因此，未来，智慧灯杆将成为物联网通信设施的最佳载体。

2.智慧灯杆是物联网感知终端的最佳载体

智慧灯杆作为照明基本载体，具备通电功能，还可搭载太阳能板或风力发电设备提供电源。将智慧灯杆作为物联网感知终端载体，无需额外考虑电源问题，极大地降低物联网系统部署实施的复杂程度，同时也解决了物联网系统感知终端能耗问题，为物联网在智慧灯杆上部署感知终端提供了基本条件。

智慧灯杆具有分布密集、距离道路车辆近的特点，便于在上面部署路侧终端设备，如：在智慧灯杆上搭载摄像头以实时采集交通状态信息（如车辆数量、拥堵程度等）、道路运行情况（如积水情况、有无障碍等），进行交通控制及路况统计等；挂载高位摄像头作为电子警察识别超速违停等各类违章违法行为；在停车场结合车牌识别构建智能停车，提供充电桩等。因此，智慧灯杆将成为物联网在车联网领域部署路侧终端的最佳载体。

智慧灯杆分布在城市公路、街道及园区的各个角落，可通过在智慧灯杆上布置环境传感设备，实现温度、相对湿度、气压、风速、风向、雨量、辐射、光照度、紫外线、PM2.5、PM10、CO、SO_2、CO_2、O_3、噪声等环境数据采集。因此，智慧灯杆成为物联网在智慧环保领域部署感知终端的最佳载体。

3.智慧灯杆是部署物联网边缘计算的最佳载体

边缘计算通过在靠近物体或数据源附近的网络边缘侧构建起具有网络通信、智能计算、数据存储及应用服务能力的平台，将原属于云平台的部分任务迁移至此平台，完成智能服务，通过缩短数据传输距离，从而满足高实时性任务要求，避免数据网络传输时延影响，降低流量、减少带宽占用、节省能耗，快速实现端到端的应用。智慧灯杆设置在城市道路两侧，在其上部署物联网边缘计算，将大大减少数据传输压力，也解决了物联网应用场景中对数据的高实时性要求。

四、物联网照明控制的应用领域

（一）照明领域在物联网下的"五遥"功能

物联网在照明领域最直接的表达方式，现在无论是室内或者室外照明，基本上都是一样的，无非就是对光进行远程开关、调光，这两者也是和传统路灯最大的基本差异。照明领域在物联网的支持下发生翻天覆地的变化，可以总结为五大功能，也就是"五遥"功能，如图2-5所示。

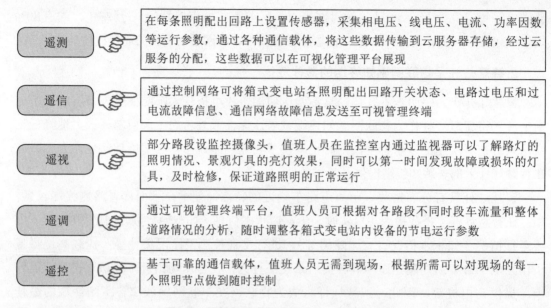

遥测	在每条照明配出回路上设置传感器，采集相电压、线电压、电流、功率因数等运行参数，通过各种通信载体，将这些数据传输到云服务器存储，经过云服务的分配，这些数据可以在可视化管理平台展现
遥信	通过控制网络可将箱式变电站各照明配出回路开关状态、电路过电压和过电流故障信息、通信网络故障信息发送至可视管理终端
遥视	部分路段设监控摄像头，值班人员在监控室内通过监视器可以了解路灯的照明情况、景观灯具的亮灯效果，同时可以第一时间发现故障或损坏的灯具，及时检修，保证道路照明的正常运行
遥调	通过可视管理终端平台，值班人员可根据对各路段不同时段车流量和整体道路情况的分析，随时调整各箱式变电站内设备的节电运行参数
遥控	基于可靠的通信载体，值班人员无需到现场，根据所需可以对现场的每一个照明节点做到随时控制

图2-5 照明领域在物联网下的"五遥"功能

（二）物联网照明控制的运用领域

物联网照明控制以其稳定的系统管理、优越的信息处理能力，正在逐步取代传统的照明控制系统，目前主要成功运用于家庭照明控制及城市公共用电等相关领域。

1.家庭照明控制

制造不同环境氛围，改善生活环境，提高生活品质，如图2-6所示。

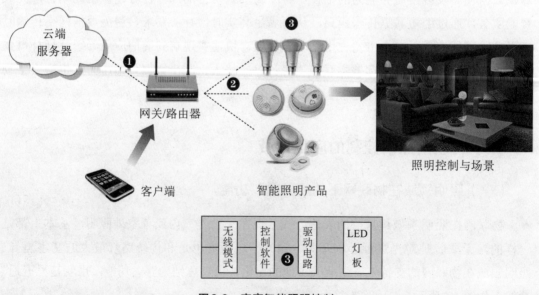

图2-6 家庭智能照明控制

2.景观照明控制

创造一种形象，凸显建筑的个性，彰显建筑的魅力，如图2-7所示。

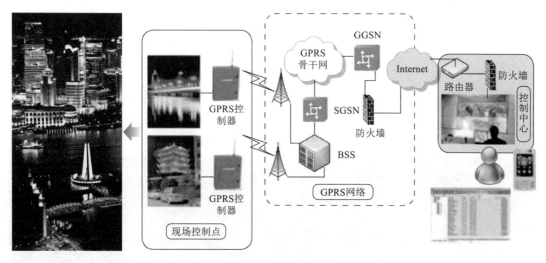

图2-7 景观照明控制

3.市政路灯控制

确保交通安全，提高交通运输效率，方便人们生活，降低犯罪率，美化城市环境，如图2-8所示。

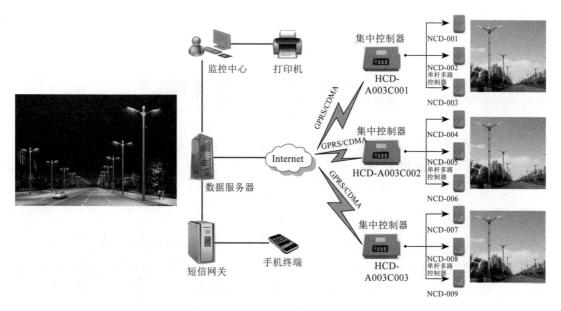

图2-8 市政路灯控制

图2-9　户外广告塔控制

4.户外广告塔控制

夜间在各种灯光的照射下更加引人注意，达到宣传效果最大化，如图2-9所示。

5.公园广场控制

塑造科学与艺术相结合的照明景观，建立自然、和谐、景色优美的夜间环境照明，如图2-10所示。

图2-10　公园广场控制

第 三 节
大数据技术与智慧照明

一、何谓大数据技术

（一）大数据的含义

大数据技术的战略意义不在于掌握庞大的数据信息，而在于对这些含有意义的数据进行专业化处理。换而言之，如果把大数据比作一种产业，那么这种产业实现盈利的关键，在于提高对数据的"加工能力"，通过"加工"实现数据的"增值"。

"大数据"需要新处理模式才能具有更强的决策力、洞察发现力和流程优化能力来适应海量、高增长率和多样化的信息资产。

（二）大数据的特点

大数据具有图2-11所示特点。

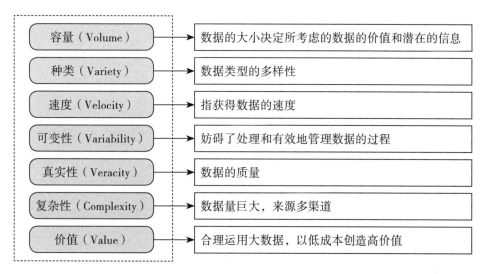

容量（Volume）	数据的大小决定所考虑的数据的价值和潜在的信息
种类（Variety）	数据类型的多样性
速度（Velocity）	指获得数据的速度
可变性（Variability）	妨碍了处理和有效地管理数据的过程
真实性（Veracity）	数据的质量
复杂性（Complexity）	数据量巨大，来源多渠道
价值（Value）	合理运用大数据，以低成本创造高价值

图2-11 大数据的特点

（三）大数据的优势

从技术上看，大数据与云计算的关系就像一枚硬币的正反面一样密不可分。大数据必然无法用单台的计算机进行处理，必须采用分布式架构。它的特色在于对海量数据进行分布式数据挖掘。但它必须依托云计算的分布式处理、分布式数据库和云存储、虚拟化技术，如图2-12所示。

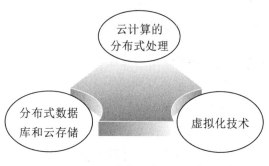

图2-12 大数据的依托技术

（四）大数据的意义

1.关键地位

现在的社会是一个高速发展的社会，科技发达，信息流通，人们之间的交流越来越密切，生活也越来越方便，大数据就是这个高科技时代的产物。阿里巴巴创办人马云演讲中就提到，未来的时代将不是IT时代，而是DT的时代，DT即Data Technology，数据科技，显示大数据对于阿里巴巴集团来说举足轻重。

2.价值体现

有人把数据比喻为蕴藏能量的煤矿。煤炭按照性质有焦煤、无烟煤、肥煤、贫煤等分类，而露天煤矿、深山煤矿的挖掘成本又不一样。与此类似，大数据并不在"大"，而在于"有用"。价值含量、挖掘成本比数量更为重要。对于很多行业而言，如何利用这些大规模数据是赢得竞争的关键。

大数据的价值体现在如图2-13所示的3个方面。

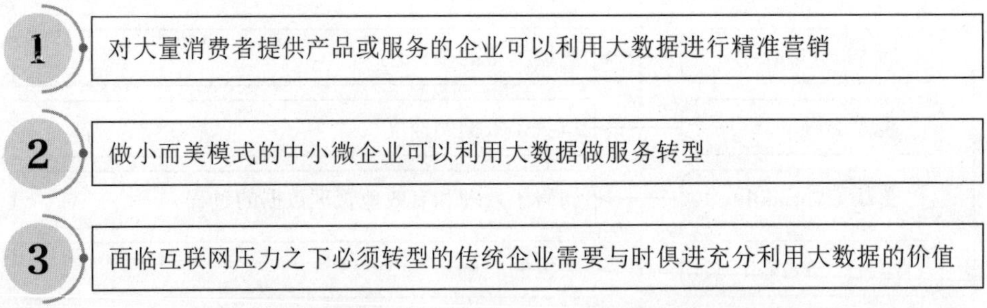

1 对大量消费者提供产品或服务的企业可以利用大数据进行精准营销

2 做小而美模式的中小微企业可以利用大数据做服务转型

3 面临互联网压力之下必须转型的传统企业需要与时俱进充分利用大数据的价值

图2-13 大数据的价值体现

3.局限性

不过，"大数据"在经济发展中的巨大意义并不代表其能取代一切对于社会问题的理性思考，科学发展的逻辑不能被湮没在海量数据中。著名经济学家路德维希·冯·米塞斯曾提醒过："就今日而言，有很多人忙碌于资料的无益累积，以致对问题的说明与解决，丧失了其对特殊的经济意义的了解。"这确实是需要警惕的。

4.持续性收益

在这个快速发展的智能硬件时代，困扰应用开发者的一个重要问题就是如何在功率、覆盖范围、传输速率和成本之间找到那个微妙的平衡点。企业组织利用相关数据和分析可以帮助它们降低成本、提高效率、开发新产品、做出更明智的业务决策等。比如，通过结合大数据和高性能的分析，下面这些对企业有益的情况都可能会发生。

对企业有益的情况如图2-14所示。

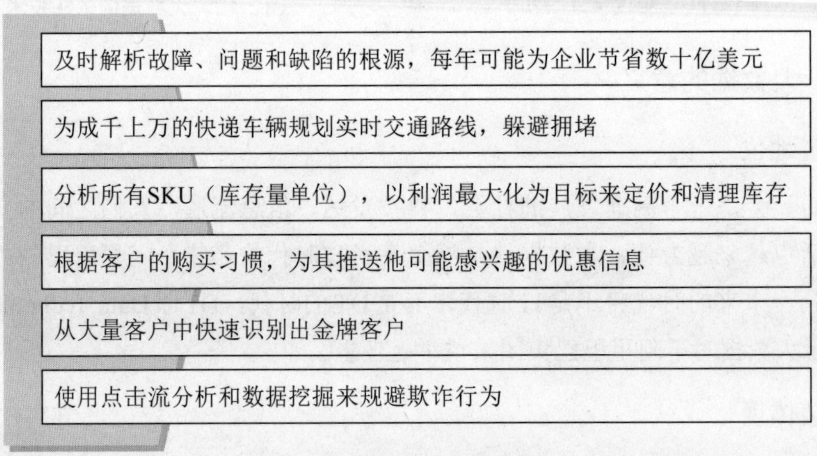

及时解析故障、问题和缺陷的根源，每年可能为企业节省数十亿美元

为成千上万的快递车辆规划实时交通路线，躲避拥堵

分析所有SKU（库存量单位），以利润最大化为目标来定价和清理库存

根据客户的购买习惯，为其推送他可能感兴趣的优惠信息

从大量客户中快速识别出金牌客户

使用点击流分析和数据挖掘来规避欺诈行为

图2-14 对企业有益的情况

二、大数据技术在照明中的应用场景

大数据技术在智慧城市建设中的应用无处不在，照明建设是智慧城市建设的重要组成部分。我国城市照明节能有巨大潜力，以城市路灯设施为例，其数量多、区域广、用电总量巨大，但是能源利用率依旧不高，浪费现象严重。

城市照明作为智慧城市建设中的重要组成部分，它服务于交通安全和人们的生产生活。城市照明系统遍布城市的每一个角落，对现有的城市照明装置进行升级，可以简单快捷地实现覆盖面较广的信息感知网络的搭建，实现路灯管控智能化、信息采集多样化和信息处理快速化。

三、数据推动智慧城市照明建设

（一）智慧城市照明建设存在的问题

目前传统照明方式还是暴露了不少问题，比如，无法对无功损耗电量进行有效的管理，对损害设备无法进行及时维护，某些路段、公园等在晚上时已经无人的状态下，依旧灯火通明，还有路灯、电缆等设备经常被盗而没有及时处理等。具体而言，我国城市照明建设存在的问题包括以下4个方面。

1.重形象、轻功能照明

目前很多城市的夜景照明均存在过于追求城市形象和亮度，科学分析论证不足、统一规划或规划相对滞后的问题，出现了该亮的不亮、不该亮的反而很亮现象，整个城市的夜景分散零乱，没有主次和特点，这样的设计规划不仅浪费了能源，而且整体照明效果也不好。

2.重景观、轻功能照明

笔者对多个城市照明项目实例进行分析，其中夜景照明实例占整个照明工程实例的2/3，而功能性照明实例，如道路、桥梁、隧道灯照明实例仅占整个城市照明工程实例的1/3左右，明显反映出了城市照明工程规划重景观、轻功能照明，这也应引起我们的高度重视。

3.照明亮度超标

在我国的部分城市因过于追求城市形象，盲目追求灯光照明的亮度，出现了部分城市的交通主要干道路面照明的平均照度，均大大高于我国或国际标准规定的照度值（我国规定主干道的平均照度维持值最大为30lx），路面照度的平均值达到51lx，个别路面平均照度竟然达到105lx。这种盲目追求路面亮度的现象，不仅造成了电能的过度浪费，而且还产生了照明眩光、光污染等问题，其照明的负面效应较为突出。

4.管理问题

由于城市路灯照明系统管理制度的不完善，造成只重建设轻管理的现象较为普遍，特别是照明工程竣工后，照明设施的维护管理工作未能跟上，以至于不少工程出现亮灯率低、照明效果急剧下降的现象。

（二）大数据技术助推智慧城市照明管理

大数据技术是智慧城市照明系统的基础，它综合考虑解决传统照明管理不够细致的问题，同时实现更加智能化的管理并达到高效节能目的，构建新的大数据技术的智慧城市照明管理系统。大数据技术充分融合先进的通信、传感、云计算等多种现代化科技手段，使照明在满足公共照明需求的基础上更为智能，其总体结构如图2-15所示，该系统由以下四层构成。

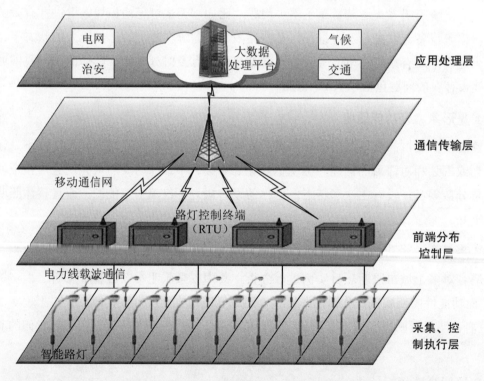

图2-15 大数据技术的智慧城市照明管理系统

（1）采集、控制执行层。由多种传感器、单灯控制器、防盗报警末端三部分构成。传感器模块包括摄像头、噪声监测传感器、空气污染监测器、温度传感器、相对湿度传感器、烟雾感应器、亮度传感器、红外感应器等，可采集路灯周围环境数据信息。单灯控制器可采集路灯运行状态参数，并向路灯监控终端（RTU，Remote Terminal Unit）回传路灯用电量、运行状态、照明强度等信息。

（2）前端分布控制层。路灯监控终端可汇聚分支范围内的传感器采集信息、路灯用电量及运行状态等信息。

（3）通信传输层。路灯监控终端和监控中心之间采用无线传感网或移动通信系统实现，路灯监控终端与每盏路灯单灯控制电缆防盗末端之间的通信通过电力线载波通信来实现。

（4）应用处理层。综合利用采集到的各类数据信息及电网、气象等相关信息，实现大数据分析，并通过分析的结果反馈到各分支路灯监控终端，实现智能路灯的自适应调节亮度从而达到节能的目的。同时，可辅助实现检测路灯工作状况、提供路灯故障类型报警及故障地点通知等功能。

除了对照明输出支路、供电配电柜，以及路灯的电流、电压、功率和能耗信息进行采集外，系统还可采集诸如气象数据、车流量和地理位置等信息，这些必将形成海量的数据。充分利用大数据技术，动态分析并挖掘城市各项信息需求，辅助管理决策者，其逻辑结构如图2-16所示。

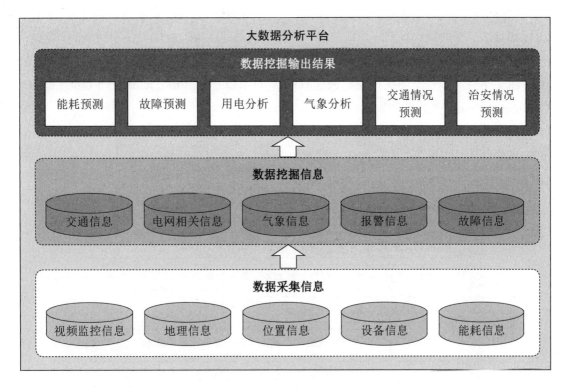

图2-16 系统逻辑结构示意图

第四节
5G技术与智慧照明

一、什么是5G技术

5G技术（5th Generation Mobile Networks 或 5th Generation Wireless Systems、5th-Generation，简称5G或5G技术）即第五代移动通信技术，是最新一代蜂窝移动通信技术，也是继4G（LTE-A、WiMax）、3G（UMTS、LTE）和2G（GSM）系统之后的延伸。

5G技术的性能目标是高数据速率、减少延迟、节省能源、降低成本、提高系统容量和大规模设备连接。

二、5G技术驱动智慧照明的发展

驱动"智能照明与其他智能城市技术的结合"的其中一个因素是5G的出现，这个于2019年首次亮相的新一代无线通信技术，利用更快的速度推动智能设备和网络的升级。

最初的5G技术推出可能在覆盖范围上受到限制，因此需要更多的基站来确保覆盖范围并建立连接，如基于超高可靠超低延时通信（URLLC，Ultra-reliable and Low Latency Communications）的自动驾驶系统。

工程师们正试图利用路灯作为智能城市5G基站布局的解决方案，智能道路照明原型正在开发中，以实现智能照明与各种技术的融合。在中国，则是更侧重与微型5G基站的结合。

路灯和5G基站配备结合的优势有如图2-17所示的5点。

1	能够共享电源，有助于避免单独的布线成本
2	基站上的传感器可以轻松监控基站，降低管理成本
3	安装密度将更高，确保覆盖率
4	5G路灯可以节省在建筑物顶部或市区租用安装位置的成本
5	灯杆上的5G信号将提供对"基于云的自动驾驶技术"的便捷访问

图2-17　路灯和5G基站配备结合的优势

其实，将无线通信网络移植到街道照明上的做法，已经不是第一次使用了。

目前正在使用的路灯已经实现了与4G微站点的集成，并且使用4G网络来控制道路照明管理系统。同样的模式也适用于5G网络。虽然目前基础设施和网络仍在建设中，5G路灯不太可能很快就全面建成，但也不会太远了。

最初的5G基站能够为智能城市提供的服务可能还很有限，然而，未来的迭代可能出现这样的功能：将交通信息转发给驾驶员并通过闪烁或改变颜色来提供紧急疏散指示或警告。将5G引入路灯还可以实现其他功能，包括实时显示、热点支持和基于云的自动驾驶。

用5G控制道路照明可以通过实时调光节省能源和增加寿命。

第 五 节
GIS技术与智慧照明

一、GIS 技术的定义

GIS（Geographic Information System 或 Geo-Information System）是地理信息系统的简称。它是在计算机系统的支持下，对空间中的有关地理分布的数据进行采集、存储、分析、描述的一系列操作的技术系统。

二、GIS 系统的组成

GIS 系统的五大组成部分如图2-18所示。

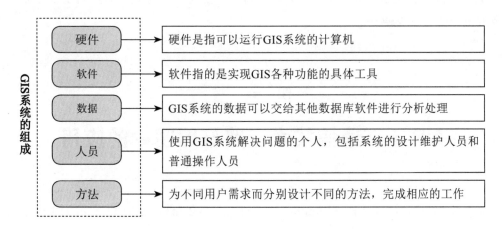

图2-18　GIS 系统的组成

三、GIS系统可实现的功能

GIS系统可实现图2-19所示的5大功能。

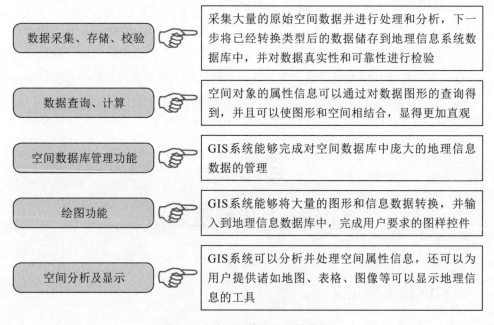

数据采集、存储、校验 ☞ 采集大量的原始空间数据并进行处理和分析，下一步将已经转换类型后的数据储存到地理信息系统数据库中，并对数据真实性和可靠性进行检验

数据查询、计算 ☞ 空间对象的属性信息可以通过对数据图形的查询得到，并且可以使图形和空间相结合，显得更加直观

空间数据库管理功能 ☞ GIS系统能够完成对空间数据库中庞大的地理信息数据的管理

绘图功能 ☞ GIS系统能够将大量的图形和信息数据转换，并输入到地理信息数据库中，完成用户要求的图样控件

空间分析及显示 ☞ GIS系统可以分析并处理空间属性信息，还可以为用户提供诸如地图、表格、图像等可以显示地理信息的工具

图2-19 GIS系统可实现的功能

四、智慧城市照明管理系统引入GIS的重要性

将GIS引入到智慧城市照明管理系统当中，使得管理更加自动化、智能化，为了进一步提升照明质量，使得提供给控制中心的信息更加直观并且降低所需能耗，需要对路灯分组进行科学的规划同时对工作计划进行合理的配置，使得城市的照明系统更加稳定，为夜间出行的行人谋便利。

第六节

NB-IoT通信技术在路灯照明中的应用

窄带物联网（Narrow Band Internet of Things，NB-IoT）是在基于FDD-LTE技术上改造而来的，物理层设计大部分沿用LTE系统技术，如上行采用SCFDMA，下行采用

OFDM，NB-IoT可以理解为一种简化版的FDD-LTE技术。这是IoT领域一个新兴的技术，支持低功耗设备在广域网的蜂窝数据连接，也是低功耗广域网（LPWAN）的一种，能把终端设备直接接入已广泛覆盖的蜂窝网络中，且支持良好的移动性，可以广泛应用于路灯智慧照明通信。

一、NB-IoT具备五大优势

NB-IoT具备五大优势，如图2-20所示。

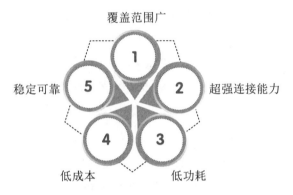

图2-20 NB-IoT具备五大优势

（一）覆盖范围广

NB-IoT比LTE提升20dB增益，相当于发射功率提升了100倍，即覆盖能力提升了100倍，就算在地下车库、地下室、地下管道等信号难以到达的地方也能覆盖到。利用这一优势，现在的NB-IoT单灯控制器已弥补以前短无线单灯控制器的通信问题。

（二）超强连接能力

NB-IoT比2G/3G/4G有50～100倍的上行容量提升，这也就意味着，在同一基站的情况下，NB-IoT可以比现有无线技术提供50～100倍的接入数。一个扇区能够支持10万个连接，支持低延时敏感度、超低的设备成本、低设备功耗和优化的网络架构。这将意味着，基于NB-IoT通信技术的照明控制系统，将能够管控更多的单灯设备，满足未来智慧城市中大量设备联网需求。

（三）低功耗

低功耗特性是路灯智能照明应用的一项重要的指标，NB-IoT聚焦小数据量、小速率应用，因此NB-IoT设备功耗可以做到非常小，通信设备消耗的能量往往与数据量或速率相关，即单位时间内发出数据包的大小决定了功耗的大小。数据量小，设备的调制解调器和功放就可以调到非常小的水平。NB-IoT聚焦小数据量、小速率应用，因此NB-IoT设备功耗可以做到非常小。另外，为了进一步降低功耗，延长电池使用时间，NB-IoT引入了超长DRX（非连续接收）省电技术和PSM省电态模式。NB-IoT可以让设备时时在线，但是通过减少不必要的信令和在PSM状态时不接受寻呼信息来达到省电目的，终端模块的待机时间可长达10余年，特别适用于路灯照明控制应用。

（四）低成本

低速率、低功耗、低带宽带来的是低成本优势。速率低就不需要大缓存，所以缓存小、DSP配置低；低功耗，意味着射频设计要求低，小压强就能实现；因为低带宽，就不要复杂的均衡算法。这些因素使得NB-IoT芯片可以做得很小。芯片成本往往和芯片尺寸相关，尺寸越小，成本越低，模块的成本也随之变低。

（五）稳定可靠

NB-IoT直接部署于GSM网络、UMTS网络或LTE网络，即可与现有网络基站复用以降低部署成本，实现平滑升级，但是使用单独的180kHz频段，不占用现有网络的语音和数据带宽，保证传统业务和未来物联网业务可同时稳定、可靠进行。以路灯控制应用为例，与采用有线PLC相比数据传输成功率在60%左右，NB-IoT可以保证数据成功回收率达99%，可靠性大幅提高。

二、NB-IoT路灯照明应用

当下，路灯控制方式前后经历了五代技术演变，从第1代的送电所直接控制变压器开关进行路灯控制，经历四代之后，实现了如今的远程监控和智能控制，并且新的控制技术还在不断地创新中。NB-IoT路灯照明应用的优势体现在以下3个方面。

（一）在操作方面

NB-IoT控制模块，可对道路照明实行统一管理，达到照明远程监测、智能管控、节能降耗等功能，具有很好的人机界面和完善的图形数据处理功能，方式灵活、简单。通过智能策略，来实现节能控制，或者特定策略，来实现特殊的场景控制。

（二）在维护方面

NB-IoT控制模块，可实现路灯智能监控终端、单灯控制器的模拟量、状态量、事件等数据的定时采集，为设备运行监测及故障诊断、节能分析等业务提供基础数据支撑。当发生主动报警或在巡测时发现有数据异常时，自动向平台发出报警、自动存盘并在地图上显示相应的位置和故障类型，系统将故障信息通过手机短信或微信自动（也可手动）发送至相应维护人员。

（三）在节能方面

城市中随处可见夜晚景观照明、路灯照明及隧道照明，虽照亮了人们的生活，但巨大的能耗和高昂的维护费用一直是路灯管理单位需要解决的问题。智慧照明监控管理系统可远程设置自动调光策略，路灯会在设置的具体时间点执行调光功能。比如凌晨 0:00 ～ 2:00 设置灯具亮度为70%，2:01 ～ 4:00 设置灯具亮度为40%，4:01 ～ 6:00 设置亮度为70%等，远程设置优先级将高于本地默认策略。

智慧照明系统通过NB-IoT方式，可实现按需照明。单灯控制器直接与云端的数据传输，实现对灯具的控制、运行数据采集以及调光等功能。通过实时采集照明数据，系统调节每一盏路灯的亮度，有效降低城市照明能耗。

第 ⑦ 节

移动通信技术与智慧照明

一、电力线载波技术

（一）电力线载波工作原理

电力线载波通信是指利用现有电力线，通过载波方式将模拟或数字信号进行高速传输的技术。由于使用坚固可靠的电力线作为载波信号的传输媒介，因此具有信息传输稳定可靠、路由合理、可同时复用移动信号等特点，是唯一不需要线路投资的有线通信方式。电力线载波通信技术可以进行模拟（语音信号）或数字信息双工传输，具有节省费用、安装方便、应用广泛等特点。

作为通信技术的一个新兴应用领域，电力线载波通信技术以其诱人的前景及潜在的巨大市场而为全世界所关注，成为世界各大公司及研究单位争相研究的热点。

国内的电力线载波模块是根据国家及电力部和国际有关标准，针对中国低压电力网设置的信道环境，具有"双向高速通信、数据实时传输、远程智能控制"等高性能特点，实现了电力线载波通信的实时、准确、高效、快速、安全、可靠。

电力线载波模块可嵌入（或外接）水表、电表、燃气表、热能表具、温度、相对湿度、光照度、红外、烟雾、压力、水侵、空气质量、土壤酸碱度等各类仪器仪表设备，形成可远程采集、监测、传感、控制的载波智能产品，配合系统操作软件形成管控平台，无需另布专线，即可实现自动化、智能化、网络化的数据采集、传输、智能管控，其应用领域非常广阔。

（二）电力线载波的应用领域

1.智能家居中的应用

智能家居控制网可用电力线载波技术来实现，其原理是将电力线载波技术集成后嵌入到各电器中去，并利用家庭现有的电力线作为载波通信媒介，实现智能设备之间的通信与控制。智能家居控制网中智能电器的互联互动，将为人们带来高品质的生活体验和生活享受。

（1）随时查询所有电器状态。

（2）任一开关集中控制家中所有智能电器设备。

（3）组开组关指定电器，如场景灯等。

（4）随时掌握家庭安防情况，如防盗、火警、探测燃气泄漏等。

（5）通过互联网或电话对家中电器进行远程控制。

2.远程自动抄表系统的应用

远程自动抄表（AMR）系统是智能控制网的重要应用之一。它可以使电力供应商在提高服务质量的同时降低管理成本，并让用户有机会充分利用各种用电计划（如分时电价）来节省开支和享受多种便利。

3.远程路灯监控中的应用

远程路灯监控系统利用电力线载波技术通过已有电力线将路灯照明系统连成智能照明系统。此系统能在保证道路安全的同时节省电能，并能延长灯具寿命以及降低运行维护成本。电力线通信（PLC）作为"无线"（商业电信）技术，利用现有的电力网作为信道，进行数据传输和信息交换，具有非常广阔的应用前景。

4.其他领域

基于物联网组建不适用于专线传输如山区、乡村、古建筑和对传输效率要求不高的应用场景均可以采用电力线载波通信方式作为信息系统集成的一部分。如学校、高速公路、隧道、桥梁监控和医疗等。电力线载波通信介质采用电线的方式很好地解决了二次布线不方便、维护困难等问题。

二、ZigBee技术

ZigBee技术是一种短距离、低复杂度、低功耗、低速率、低成本的双向无线通信技术，它是介于无线标记和蓝牙之间的技术方案，具有自己的无线电标准，即IEEE 802.15.4（ZigBee）技术标准。这是IEEE无线个人区域（Personal Area Network，PAN）工作组所规定的一项标准，主要适用于数据吞吐量小、网络建设投资小、安全要求高、耗电低的场合。从技术性能来看，ZigBee具有低功耗、短延时、短距离、高安全、低速率、覆盖范围广、网络容量大等特点，并且具有廉价的市场定位，非常适合在照明系统中应用。

以ZigBee技术打造的路灯控制器、照明智能网关，依据自组网、抗干扰强、网络容量大等特点，可在控制网络内容纳大量的路灯节点，实现大规模路灯的远程控制。通过网关的本地策略化功能及城市照明管理平台，调节道路路灯、智慧灯杆等的亮灭、明暗度将更加简单、便捷，更加精细化，同时兼具节能的优点。道路路灯巡检、维护一直是一个令人头痛的问题，然而，通过智能化升级之后，路灯控制器将自动上报故障数据，并在智慧城市管理平台显示故障路灯的位置，让路灯的管理瞬间变得简单。

三、GPRS技术

GPRS（General Packet Radio Service，通用无线分组业务）是一种基于GSM系统的无线分组交换技术，提供端到端的、广域的无线IP连接。通俗地讲，GPRS是一项远距离的高速数据处理技术。

（一）GPRS技术的特点

GPRS的特点归结如下。

（1）传输速率快。数据传输速率最高可达171.2kb/s。

（2）可灵活支持多种数据应用。

（3）网络接入速度快。

（4）可长时间在线连接。

（5）按流量计费，使计费更加合理。

（6）高效地利用网络资源，降低通信成本。

（7）利用现有的网线网络覆盖，提高网络建设速度，降低建设成本。

（二）GPRS技术智能照明控制系统网络拓扑图

GPRS技术智能照明控制系统网络拓扑图如图2-21所示。

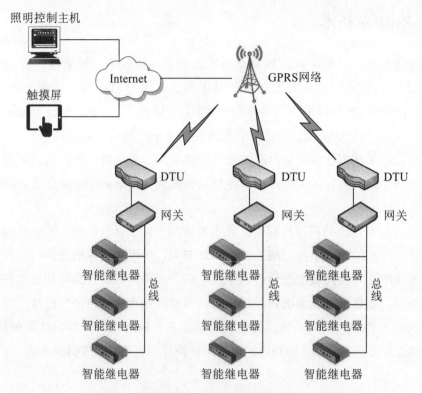

图2-21　GPRS技术智能照明控制系统网络拓扑图

（三）GPRS技术智能照明控制系统架构

GPRS技术智能照明控制系统架构如图2-22所示。

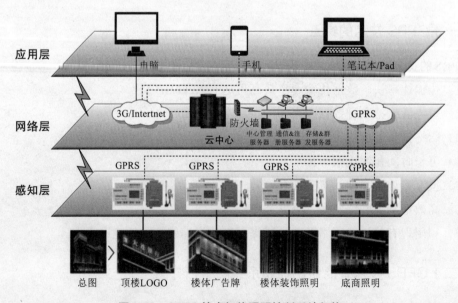

图2-22　GPRS技术智能照明控制系统架构

四、两种主流控制方式

在城市智慧照明控制领域，"GPRS+ZigBee"和"GPRS+电力线载波通信"的方式是两种主流的技术。

三种路灯控制技术优缺点比较如表2-2所示。

表2-2 路灯控制技术优缺点比较

控制方式	优点	缺点
ZigBee	低功耗、低成本、免执照频段、无需布线、容量大、应用灵活	采用树形结构稳定性稍差
电力线载波	只要有电线就可以传输数据，方便快捷	容易受各种干扰，信号分离难度大
GPRS	无需布线或者架设网络，已经覆盖全国	覆盖全国数据传输按照流量收费，成本较高

其中，GPRS技术适用于远距离的传输，ZigBee和电力线载波技术适用于短距离组网的应用，如果把这两种技术结合起来，可充分利用各自的优势。GPRS技术负责远距离（监控中心与现场）的数据传输，而ZigBee和电力线载波技术则负责子网（集中控制器至单灯控制器）内节点的数据采集。对于采集点分散、采集环境恶劣而对实时性和可靠性要求比较高的场合，这种组网方式很合适。

城市智慧照明系统中，由于传输的数据量不大，ZigBee、电力线载波技术等都被应用于路灯的控制和管理。电力线载波技术通过电线传输数据，方便快捷，但传输距离短、信号损失大、脉冲干扰严重，而ZigBee技术具有低成本、低功耗、组网灵活等优点，但对动态环境的适应性、稳定性稍差，如表2-3所示。

表2-3 电力线载波与ZigBee技术比较

项目	电力线载波技术	ZigBee技术
安装成本	低，只需安装单灯控制器	高，安装无线智能控制器和天线
传输方式	电力线传输	2.4G无线电传输
抗干扰性	不受环境变化影响，易受电力线的噪声影响	易受网频无线电影响
保密性	高，通信不易破坏	高，加密算法
信息容量	带宽大	带宽有限
传送距离	距离短	距离远
限制	无限制	无线电管理局限性

续表

项目	电力线载波技术	ZigBee技术
同功率传输质量	通信质量好些，受脉冲干扰	有空旷环境信号好
稳定性	稳定	易受其他电波干扰
天线	不需要安装天线	需安装天线

目前在城市公共照明单灯智能化监控领域，电力线载波通信是底层通信技术的主流方向，在实际应用中约占90%的比例，并且保持不断增长的趋势，ZigBee技术也有一定应用，约占近10%的市场份额，其他技术应用较少。

第八节
太阳能光伏技术与智慧照明

一、何谓太阳能光伏技术

太阳能是各种可再生能源中最重要的基本能源，生物质能、风能、海洋能、水能等都来自太阳能，广义地说，太阳能包含以上各种可再生能源。太阳能作为可再生能源的一种，则是指太阳能的直接转化和利用。通过转换装置把太阳辐射能转换成热能利用的属于太阳能热利用技术，再利用热能进行发电的称为太阳能热发电，也属于这一技术领域；通过转换装置把太阳辐射能转换成电能利用的属于太阳能光发电技术，光电转换装置通常是利用半导体器件的光伏效应原理进行光电转换，因此又称太阳能光伏技术。

太阳能光伏系统，也称为光生伏特，简称光伏（Photovoltaics；字源"photo"光，"voltaics"伏特），是指利用光伏半导体材料的光生伏特效应而将太阳能转化为直流电能的设施。光伏设施的核心是太阳能电池板。用来发电的半导体材料主要有单晶硅、多晶硅、非晶硅及碲化镉等。

二、太阳能智慧照明

光伏技术具备很多优势，比如没有任何机械运转部件；除了日照外，不需其他任何"燃料"，在太阳光直射和斜射情况下都可以工作；而且从站址的选择来说，也十分方便灵活，城市中的楼顶、空地都可以被应用，因而在智慧照明系统中获得广泛的应用。"太阳能+智慧路灯"相结合,不仅提高了公共区域照明管理和自动化控制水平,也大大降低了照明能耗,走绿色发展道路。

把太阳能发电技术与LED照明技术结合起来,并加入人体红外检测控制技术,就可以构成太阳能智能照明系统。在白天,太阳能电池板把吸收的太阳能辐射光能转换成电能,通过充电控制器对铅酸蓄电池充电;傍晚,当光线暗至一定程度后,控制器接通负载,蓄电池开始对负载供电。负载中配有人体红外感应器,从而能做到当光变暗时,且有人通过时,灯具点亮;当人离开后,灯延时一段时间后自动熄灭,从而最大限度地节约电能。整个系统利用太阳能发电,无需电网供电,因此减少了电能的消耗与浪费,节约了宝贵的能源。

第三章

照明智能控制系统设计

导言

照明智能系统是最先进的一种照明控制方式。智能照明系统可对白炽灯、日光灯（专用镇流器）、节能灯、石英灯等多种光源调光，满足各种环境对照明的要求。智慧照明的实现离不开成熟的智能控制系统，如今智控系统在城市照明的方方面面都有应用：大型公共建筑，如会展中心、航站楼、客运站、体育场馆、大型商场等；博物馆、美术馆、图书馆等文化建筑和教学建筑；星级酒店和高档写字楼的宴会厅、多功能厅、会议室、大堂、走道等场所。

第（一）节

照明智能控制系统概述

一、何谓照明的智能控制系统

（一）照明智能控制系统的定义

照明智能控制是基于计算机技术、自动控制、网络通信、现场总线、嵌入式软件等多方面技术组成的分布式控制管理系统，来实现照明设备智能化集中管理和控制，具有远程控制、定时控制、场景模式、联动控制等功能，控制方式智能灵活，从而达到良好的节能效果，有效延长灯具的寿命，管理维护方便，改善工作环境和提高工作效率，为现代化智能照明行业提供科学管理水平、精简人员、节省运营成本、节能减排和提高服务质量的一套完整信息化建设及智能控制的系统解决方案。

（二）照明智能控制系统的原理

照明智能控制系统，其实就是根据某一区域的功能、每天不同的时间、室外光亮度或该区域的用途来自控制照明，是智慧城市、楼宇和智能家居的基础部分。

智能照明系统最为人称道的是，它可进行预设，即具有将照明亮度转变为一系列设置的功能。这些设置也称为场景，可由调光器系统或中央建筑控制系统自动调用。

1.遥控照明

遥控照明是通过无线电信号控制照明设备，简单便捷。随着技术的成熟，数码无线遥控技术已经取代传统机械手动开关，渐渐成为现代人追捧的潮流。遥控开关一般采用无线数字识别技术，每个开关各自独立工作，不会互相干扰。

2.感应照明

人体感应也叫红外感应，人的身体都有恒定的体温，一般在37℃左右，所以会发出特定波长的红外线，而人体感应照明就是通过捕捉这种特定波长的红外线来控制灯具明灭的。

与遥控开关通过按键随时控制灯具明灭不同，红外线人体感应开关的最大特点是延时照明。因为人体不可能一直站在开关前来保持灯具发亮，一旦离开红外感应范围也不能立即关闭灯光，那么打开灯具后如何熄灭呢？这就需要延时照明来控制照明时间了。

在延时时间段内，如有人在有效感应范围内活动，开关将持续接通，待人离开后，延时自动关闭负载，实现了"人来灯亮、人走灯熄"的智能控制功能。

3.触控照明

触控设备通常内置触摸感应芯片，触摸感应面板目前主流的技术采用电容感应技术，通过手指触摸带来电容变化，从而控制开关或灯具。

（三）智能照明与传统照明控制的区别

智能照明控制系统与传统照明控制系统的区别如表3-1所示。

表 3-1　智能照明与传统照明控制的区别

序号	功能	传统照明控制	智能照明控制
1	布线方式	（1）负载直接与开关面板相连，强电线路结构复杂，安全系数较低 （2）当控制区域增加时，需重新布线，施工难度增加	（1）负载连接到输出单元，控制总线采用弱电线缆，安全性能高 （2）当控制区域、功能增加时，只需改变控制开关的内部程序而不用重新布线
2	控制方式	（1）手动开关简单的开和关 （2）对于两个不同区域（不同相线）的回路不能同一个开关控制，在相对大空间的区域需要众多的面板，影响美观	（1）弱电控强电方式，控制方式多、自动化程度高 （2）一个开关可以控制不同区域，还可以配置众多的传感器（如红外探测器、光线感应器、信号输入模块等）控制
3	管理方式	人为化管理，对于现代高层建筑来说，将耗费大量的人力、物力，管理成本高	自动化管理，只需一台计算机就可实现对整个区域照明的自动化管理，而不需要人工干预，管理成本低
4	节能方式	无	基于智能化、自动化管理，定时及传感器的使用，避免了传统控制方式中出现的忘记关灯而造成的能源浪费

二、照明控制系统的基本类型

按照控制系统的控制功能和作用范围，照明控制系统可以分为以下4类。

（一）点（灯）控制型

点（灯）控制就是指可以直接对某盏灯进行控制的系统或设备，早期的照明控制系统和家庭照明控制系统及普通的室内照明控制系统基本上都采用点（灯）控制方式，这种控制方式简单，仅使用一些电器开关、导线及组合就可以完成灯的控制功能，是目前使用最为广泛和最基本的照明控制系统，是照明控制系统的基本单元。

（二）区域控制型

区域控制型照明控制系统，是指能在某个区域范围内完成照明控制的照明控制系统，特点是可以对整个控制区域范围内的所有灯具按不同的功能要求进行直接或间接的控制。由于照明控制系统在设计时基本上是按回路容量进行的，即按照每回路进行分别控制的，所以又叫作路（线）控型照明控制系统。

一般而言，路（线）控型照明控制系统由控制主机、控制信号输入单元、控制信号输出单元和通信控制单元等组成，主要用于道路照明控制、广场及公共场所照明，以及大型建筑物、城市标志性建筑物、公共活动场所和桥梁照明控制等应用场合。

（三）网络控制型

网络控制型照明控制系统是通过计算机网络技术将许多局部小区域内的照明设备进行联网，从而由一个控制中心进行统一控制的照明控制系统，在照明控制中心内，由计算机控制系统对控制区域内的照明设备进行统一的控制管理。网络控制型照明系统一般由以下4部分组成。

1.控制系统中心

一般由服务器、计算机工作站、网络控制交换设备等组成的计算机硬件控制系统和由数据库、控制应用软件等组成的照明控制软件等两大部分组成，采用网络型照明控制系统主要有以下优点。

（1）便于系统管理，提高系统管理效率。

（2）提高系统控制水平。

（3）提高系统维护效率。

（4）减少系统运营、维护成本。

（5）可以进行照明设备的编程控制，产生各种所需要的照明效果。

（6）便于采用各种节能措施，实现照明系统的节能控制。

2.控制信号传输系统

通过控制信号传输系统完成照明网络控制系统中有关控制信号和反馈信号的传输，从而完成对控制区域内的照明设备进行控制。

3.区域照明控制系统

区域照明控制系统实际上是对一定控制区域的若干小区域的照明控制系统（设备）进行联网控制，是整个联网控制系统的一个子系统，它既可以作为一个独立的控制系统使用，也可以作为联网控制系统的终端设备使用。

4.灯控设备

通过整个照明控制系统要完成对每盏灯的控制，灯控设备安装在每盏灯上，并可以通过远程控制信号传输单元与照明控制中心通信，从而完成对每盏灯的有关控制（如开或关、调光控制），并可以通过照明控制中心对每盏灯的工作状态进行有关监控，从而完成对每盏灯的控制。

（四）节能控制型

照明系统的节能是全球普遍关注的问题，照明节能一般可以通过两条途径实现：一是使用高效的照明装置（如光源、灯具和镇流器等）；二是在需要照明时使用，不需要照明时关断，尽量减少不必要的开灯时间、开灯数量和过高照明亮度，这点需要通过照明控制来实现，它主要包含以下方面的内容。

1.照明灯具的节能

提高电光源的发光效率，实现低能耗、高效率照明是电光源发展的一个重要方向。

2.照明控制设备的节能

采用适当的照明控制设备也可以很好地提高照明系统的工作效率，如采用红外线运动检测技术、恒亮（照）度照明技术，在照明环境有人出现需要照明时，就通过照明控制系统接通照明光源，反之如果照明环境没有人，不需要照明时，就关断照明光源。再如，如果室外自然光较强时，可以适当降低室内照明电光源的发光强度，而当室外自然光源较弱时，可以适当提高室内照明电光源的发光强度，从而实现照明环境的恒亮（照）度照明，达到照明节能的效果。

3.营造良好的照明环境

人们对照明环境的要求与从事的活动密切相关，以满足不同使用功能的要求，具体体现如下。

（1）可以通过控制照明环境来划分照明空间，当照明房间和隔断发生变化时，可以通过相应的控制使之灵活变化。

（2）通过采用控制方法可以在同一房间中营造不同的气氛，通过不同的视觉感受，从生理上、心理上给人积极的影响。

4.节约能源

随着社会生产力的发展，人们对生活质量的要求不断提高，照明在整个建筑能耗中所占的比例日益增加，据统计，在楼宇能量消耗中，仅照明就占33%（空调占50%，其他占17%），照明节能日显重要，一些国家在20世纪60年代末、70年代初已开始重视这方面的工作，特别是从保护环境的角度出发，世界各国都非常重视推行"绿色照明"计划。

三、照明智能控制系统的相关技术

（一）回路控制（PWM 或模拟信号）

采用双绞线传递PWM（Pulse Width Modulation，脉冲宽度调制）信号，PWM接口的驱动按照PWM占空比调节输出电流达到调节亮度的目的。PWM接口电源驱动价格较低，缺点是只能回路调光，不能单灯调光。

（二）DALI 总线

采用双绞线传递DALI（Digital Addressable Lighting Interface，数字可寻址照明接口）信号，每个灯具上的DALI电源有独立的地址会对发给自己的命令做出调光、回传参数等响应。DALI协议成熟可靠并且是公开的，DALI协议是目前世界最先进的用于照明系统控制的开放式异步串行数字通信协议。DALI技术的最大特点是单个灯具具有独立地址，可通过DALI系统对单灯或灯组进行精确的调光控制。DALI系统软件可对同一强电回路或不同回路上的单个或多个灯具进行独立寻址，从而实现单独控制和任意分组。因此DALI调光系统为照明控制带来极大的灵活性，用户可根据需求在安装结束后的运行过程中仍可按需调整功能，而无需对线路做任何改动。其缺点是DALI协议主要适合于几十盏灯的室内照明控制。

（三）RS485 总线

采用双绞线传递RS485信号（485接口又叫AB线，需要两条线，一般都是现场布线用，为了现场接线方便，一般用欧式端子），每个灯具上的电源驱动有独立的地址会对发给自己的命令做出调光、回传参数等响应。RS485总线通信技术，已使用30年，有丰富的、低价的、成熟可靠、多种性能规格的接口芯片。

（四）电力线载波（PLC）

利用电力线传递数字信号，每个灯具上的电源驱动有独立的地址会对发给自己的命令做出调光、回传参数等响应。优点是不需要铺设控制线，缺点是目前常用的窄带PLC通信速率为5.4kb/s以下。

（五）无线

遵循IEEE 802.15.4协议，利用无线射频传递数字信号，每个灯具上的电源驱动有独立的地址，会对发给自己的命令做出调光、回传参数等响应。优点是不需要铺设控制线，通信速率较高可达到250kb/s；区域控制器安装位置可随意制定，所需数量较少。缺点是区域控制器和电源驱动需安装一根电线。

四、照明智能控制系统的组成方式

从照明智能控制系统的组成方式看，主要有总线型、电力线载波型、无线网络型等，比如在市场中的i-bus总线、Dynet总线、DALI总线、HBS总线（Home Bus System，家庭总线系统），以及X-10的电力线载波协议等。

（一）总线型

可用于照明智能控制系统的总线类型及通信协议如下。

1. C-bus

C-bus属于两线制的封闭总线协议，包括两个双绞线，一对线上既要实现对总线设备信息的传输，又要实现供电（DC15V ~ DC36V），在C-bus总线中，总线设备可以不借助中央控制器而直接进行通信。

其传输协议是CSMA/CD，基本单位为子网，拓扑结构有三种：一是总线形，二是树形，三是星形。每个子网内部可以容纳控制回路225个或单元100个，其传输距离可以达到1000米，而通信速率则可以达到9.6kb/s。

2. i-bus

i-bus以欧洲安装总线的标准EIB为基础，属于两线网络。

欧洲大部分家庭或者楼宇均按照EIB标准设计自动化控制系统。EIBA组织主要负责管理EIB协议，该组织具有明显的非营利性与中立性，制造厂商只要向EIBA组织申请并同意遵守该协议就可以生产出相关产品。

3. Dynet

Dynet系统通过Dlight软件进行控制，为四线制协议，包含双绞线两对，其中一对双绞线负责为设备提供电源（DC12V），另一对则负责对设备信息的传输。

为了做好全面的准备，在进行总线安装时一般建议应用5类线，除4对双绞线外，多余的线留存备用。Dynet这种传输协议以RS485四线制为基础，拓扑结构仅有总线形一种，主网与子网（64个）之间的连接主要通过网桥来实现，而子网又与设备单元进行连接，设备单元的数量也是64个。在该系统中，主网的传输速率至多为57.6kb/s，而子网则为9.6kb/s。

4. DALI

DALI 为数字化可寻址调光接口，该协议被纳入 IEC 60929 标准当中（1994 年），自此以后，国际上的相关制造商，如夹具商、灯具商、芯片商等都对其予以了极大的支持与认可。

飞利浦公司于 1999 年完善了该协议的部分内容，同时也在该协议的基础上制造出了智能灯具产品。在 DALI 基础上设计出的控制系统具有简洁、结构清晰的主要特征，室内所需的高性能照明与智能照明都能够在该协议的基础上实现。其功能包括状态显示、场景、调光、开关等，镇流器为系统中的受控对象。

5. HBS

HBS 也叫作家庭总线系统，日本企业率先提出这一协议，该协议能够实现电话、照明设备、视频、音频等装置之间的相互连接，利用同轴电缆或双绞线实现这一协议的内容，实现家用电器的自动化与综合化。

HBS 协议也对远程服务的内容进行了综合考虑，包括家庭内部的远程教学、远程医疗以及购物等。该协议可以通过专用总线实现对简单模拟量与电器开关量的控制，其优势在于风险低、抗干扰性强、成本低、反应快等。

6. DMX512 协议

DMX512 协议为数字多路复用协议，既不是国家标准也不是行业标准，它由 USITT 提出，该协议最初用于对剧场或舞台的控制器与调光器进行兼容处理。

其优势在于实用性强、操作简单，因此国际上的很多厂商都认可这一协议。在设计或生产数字调光设备时，国内也越来越关注 DMX512 这一协议的应用。无论是剧场、舞台，还是演播室使用的调光器等设备，都可以在该协议系统的支持下开展数字化控制，在主从式控制系统中该协议的作用更为突出。该协议具有可靠性高、操作简单、信息通路通畅等显著特点。

7. X-10 协议

X-10 协议广泛应用于北美地区，它依托电力线载波技术进行控制，具有较高的实用性。其传输工作是否可以顺利展开主要依赖于 120kHz 脉冲信号，当电力信号从零点处通过时观察脉冲信号是否产生，然后确定信号能够进行传输。在传输的过程中，1110 为信号帧头所显示的以真值形式存在的标识符，而其他的信号于交流点中进行传送，在零相位以补码或真值的形式存在。该协议的优势在于使用便捷，可适用于改建项目。

当前市场上的相关协议虽然种类繁多、优势显著，但是各协议适用的环境与条件存在一定的差异，为了扩大系统的应用范围，应当制定统一的行业标准与相关规范。

（二）电力线载波型

电力线载波PLC（Power Line Communication）是电力系统特有的通信方式，电力线载波通信是指利用现有电力线，通过载波方式将模拟或数字信号进行高速传输的技术，最大特点是不需要重新架设网络，只要有电线，就能进行数据传递。

远程路灯监控系统利用电力线载波技术通过已有电力线将路灯照明系统连成智能照明系统。此系统能在保证道路安全的同时省节电能，并能延长灯具寿命以及降低运行维护成本。

（三）无线网络型

无线网络型是使用在空中传播的无线电波进行通信，从而无需专用控制线路。由此产生的优势使得先进的照明控制具有更大的安装灵活性、良好的可扩展性和更低的安装劳动成本，适用于许多应用，特别是布线难度较大的应用，比如在外墙、高天花板、硬质天花板、石棉基底表面、需要重新配置的空间和现有的实体建筑物中的应用。

无线照明控制本身就具备硬连线控制系统的基本功能，而使用无线控制系统能够带来更多明显的好处，如图3-1所示。

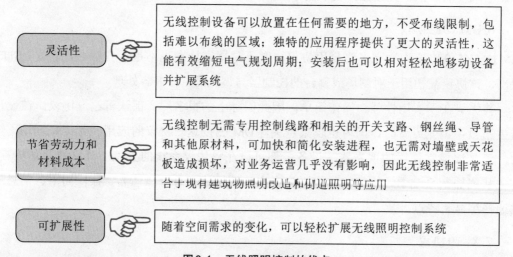

图3-1　无线照明控制的优点

无线控制的优势使这种解决方案特别适用于运行控制线路的成本太高或根本不可能的应用领域，如户外区域、停车场、仓库等的升级改造。

（四）无线照明控制系统的部件组成

无线照明控制系统通常由图3-2所示部件组成。

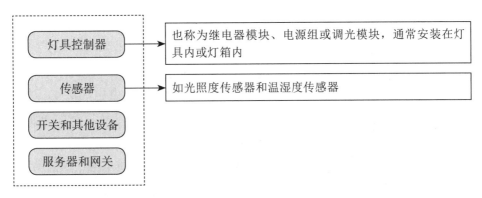

图 3-2 无线照明控制系统的部件组成

1.灯具控制器

功率控制器是一种基于继电器的设备，提供 ON/OFF 切换以及 0 ～ DC10V、DALI 等全范围调光操作。在无线系统中，控制器具有嵌入式无线接收器，可接受范围内的无线电控制信号，然后在其设定规则内对这些信号进行处理。

目前一些照明控制系统提供可集成到单个灯具中的控制器。许多系统还提供能够处理更大负载的控制器，通常用于控制多个灯具。请注意，这需要从控制器到每个灯具的电源布线以及低压调光控制布线，如图 3-3 所示。

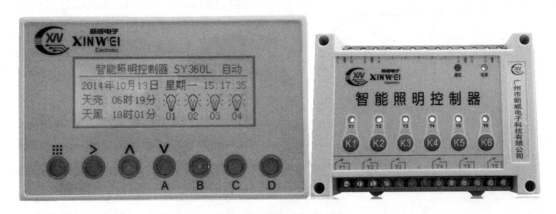

图 3-3 智能照明控制器

2.传感器

传感器具有无线发射器，通过空气将信号发送到嵌入在网关或中继器模块中的接收器，后者将信号发送到服务器，然后服务器与控制器通信以调节灯具的状态。

大多数的商业建筑，能源法规要求使用占用传感器和光传感器作为控制系统的输入设备。无线控制系统的唯一区别是这些传感器包含无线发射器以使用无线电波与系统通信。传感器可以是集成灯具的一部分或安装于灯具以外的独立组件。一些单独安装的独

图 3-4　光照度传感器

图 3-5　温湿度传感器

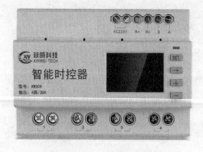

图 3-6　智能时控开关

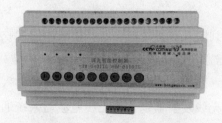

图 3-7　调光智能控制器

立传感器集占用传感器和光传感器的功能于一身，以最大限度地简化安装。还有一些传感器具备额外的功能，如温度传感。

独立传感器可以由电池供电，如果使用EnOcean技术，则通过从所在空间收集能量（如环境光）来提供动力。如果设备采用电池供电，则应配备高品质电池，以提供可靠性和长使用寿命。它还应与效率最高的设备相匹配，以最大限度地延长两次充电之间的时间。如图3-4、图3-5所示。

3.开关和其他设备

与传感器一样，在大多数空间中需要开关以便于手动控制。手动控制的优先级应该高于任何预设定的程序，以便于用户在必要的时候可以自主地对系统进行控制，而不用受限于其他因素。开关也可提供调光操作。与传感器一样，它们可由电池供电或收集所在空间的能量，如拨动开关产生的机械能。一些开关还提供附加功能，如使用不同的按钮来选择不同的预设照明场景。

许多控制系统可以使用触摸屏手动控制面板。这些屏幕提供手动控制功能，可编程预设场景，具备联网功能，以及可以集成一些非照明功能，如温度控制和基于空间占用情况的节能调度。

最后，一些系统允许将第三方设备合并到网络中。比如，一些系统与无线插头负载控制器通信以满足现行的法规，而其他系统与暖通空调控制器通信以调控温度，如图3-6、图3-7所示。

4.服务器和网关

如果无线控制系统联网进行单点日常操作和数据收集，它应具有中央服务器和（或）网

68

关。服务器通常安装在IT或电气柜中，它存储关于网络上的照明和控制点的信息，还存储调试、编程信息，还可以存储能源使用数据。

大多数联网的照明控制系统也使用网关将服务器的网络连接分配给设备（控制器、传感器和开关）。在大多数无线系统以及大多数有线系统中都是如此。在无线系统中，网关本质上是无线路由器，通常安装在完成装修的空间中，如图3-8所示。

图3-8　总线网关模块

<h1 align="center">第 ② 节</h1>

<h1 align="center">照明智能控制系统的设计</h1>

一、照明智能控制系统的结构和组成

一般来说，照明智能控制系统都为数字式照明管理系统，由系统单元、输入单元和输出单元这3部分组成。除电源设备以外，每一单元都有设置唯一的单元地址，并用软件设定其功能。

（一）系统单元

用于提供工作电源、系统时钟及各种系统的接口，包括系统电源、各种接口（PC、以太网、电话等）、网络桥。主系统是对各区域实施相同的控制和信号采样的网络；子系统则是对各分区实施不同具体控制的网络。主系统和子系统之间通过信息等元件连接，实现数据传输。

简言之，系统单元包括系统电源、系统时钟、网络通信线，主要是为系统提供弱电电源和控制信号载波，维持系统正常工作。

（二）输入单元

用于将外部控制信号变换成网络上传输的信号，如可编程的多功能（升或关、调光、定时、软启动或软关断等）输入开关、红外线接收开关及红外线遥控器（实现灯光调光或开关功能）。各种型号及多功能的控制板（如有的提供LCD页面显示和控制方式，并以图形、文字、图片来做软按键，可进行多点控制、时序控制、存储多种亮度模式等），各种功能传感器（如红外线传感器可感知人的活动以控制灯具或其他负载的开关，及亮度传感器），通过对周围环境的亮度的检测，调整光源的亮度，使周围环境保持适宜的照度，以达到有效利用自然光，节约电能。

简言之，输入单元包括输入开关、场景开关、液晶显示触摸屏、智能传感器等，主要是将外界的信号转变为网络传输信号，在系统总线上传播。

（三）输出单元

照明智能控制系统的输出单元是用于接受来自网络传输的信号，控制相应回路的输出以实现实时控制。输出单元有各种型号的继电器、调光器（以负载电流为调节对象，除调光功能外，还可用作灯具的软启动、软关闭）、模拟量输出单元、照明灯具调光接口、红外输出模块等。

输出单元包括智能继电器、智能调光模块，主要是收到相关的命令，并按照命令对灯光做出相应的输出动作。

照明智能控制系统一般采用集中控制和管理、分散执行的方式，即配置中央监控中心和智能控制照明柜，前者有控制计算机、主通信控制器等设备，用于对整个系统进行控制和管理工作，通过网络将控制命令与各智能控制柜的可编程控制器进行通信联络，同时接收来自智能控制柜内可编程控制器的有关自动及手动工作状态、灯具开关状态等，并在异常情况下采取处理措施。

二、照明智能控制系统的控制功能

照明智能控制系统的常规控制功能如表3-2、图3-9所示。

表3-2　照明智能控制系统的常规控制功能

序号	控制功能	说明
1	时钟控制	通过时钟管理器等电气元件，实现对各区域内用于正常工作状态的照明灯具时间上的不同控制
2	照度自动调节控制	通过每个调光模块和照度动态检测器等电气元件，实现在正常状态下对各区域内用于正常工作状态的照明灯具的自动调光控制，使该区域内的照度不会随日照等外界因素的变化而改变，始终维持在照度预设值左右
3	区域场景控制	通过每个调光模块和控制面板等电气元件，实现在正常状态下对各区域内用于正常工作状态的照明灯具的场景切换控制

续表

序号	控制功能	说明
4	动静探测控制	通过每个调光模块和动静探测器等电气元件，实现在正常状态下对各区域内用于正常工作状态的照明灯具的自动开关控制
5	应急状态减量控制	通过每个对正常照明控制的调光模块等电气元件，实现在应急状态下对各区域内用于正常工作状态的照明灯具减免数量和放弃调光等控制
6	手动遥控器控制	通过红外线遥控器，实现在正常状态下对各区域内用于正常工作状态的照明灯具的手动控制和区域场景控制
7	应急照明的控制	（1）正常状态下的自动调节照度和区域场景控制，同调节正常工作照明灯具的控制方式相同 （2）应急状态下的自动解除调光控制，通过每个对应急照明控制的调光模块等电气元件，实现在应急状态下对各区域内用于应急工作状态的照明灯具放弃调光等控制，使处于事故状态的应急照明达到100%
8	外部信息控制	控制器可以接收红外移动探测器的信号，实现人、车来时开灯，走时关灯；也可以接收光照度探测器的信号，当现场光照度低于设定值，自动开启全部灯光
9	系统远程控制	照明产品通过CAN总线，借用CAN口转RS232接口与电脑软件系统通信，实现远程控制和管理

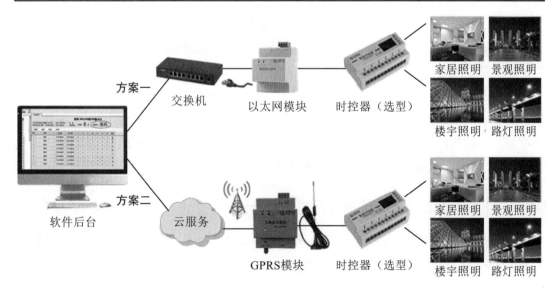

图3-9 智慧照明时控电脑远程控制系统图

三、照明智能控制系统设计的基本步骤

照明控制系统配置设计一般都在灯光设计和照明电气部分设计之后进行，根据业主

的要求结合灯光设计图及电气设计图进行系统配置。

照明智能控制系统设计基本步骤如图3-10所示。

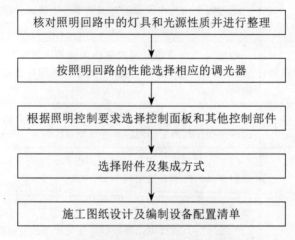

图3-10　照明智能控制系统设计基本步骤

（一）核对照明回路中的灯具和光源性质并进行整理

（1）每条照明回路上的光源应当是同一类型的光源，不要将不同类型的光源如白炽灯、日光灯、充气灯混在一个回路内。

（2）分清照明回路性质是应急供电还是普通供电。

（3）每条照明回路的最大负载功率应符合调光控制器或开关控制器允许的额定负载容量，不应超载运行。

（4）根据灯光设计师对照明场景的要求，对照明回路划分进行审核，如不符合照明场景所要求的回路划分，可做些适当回路调整，使照明回路的划分能适应灯光场景效果的需要，能达到灯光与室内装潢在空间层次、光照效果和视觉表现力上的亲密融合，从而使各路灯光组合构成一个优美的照明艺术环境。

（二）按照明回路的性能选择相应的调光器

调光器的英文名为Dimmer。调光器的目的是调整灯光不同的亮度，通过减少或增加RMS（Root Mean Square，均方根）电压促使平均功率的灯光产生不同强度的光输出。虽然可变电压设备可用于各种目的，但是这种调控旨在控制照明。

1.调光器的范围

调光器的范围是：小单位的大小正常的电灯开关用于家庭照明，高功率单位使用于大剧院或建筑照明设施。小单位调光器通常是直接控制，高功率单位则采用远程控制系统。现代专业调光器一般采用像DMX或以太网数字控制系统。

2.调光器类型

调光器可按控制方式和使用场合分类。按控制方式可以分为电阻调光器、调压调光器、磁放大电抗调光器和电子调光器；按使用场合分为民用调光器、影视舞台调光器、机场灯光调光器和昼光综合控制系统，如表3-3所示。

表3-3　调光器的类型

分类依据	小类	说明
按控制方式	电阻调光器	将电阻串接在白炽光源和电源的中间，改变电阻值便能调节光源中的电流，达到调光目的。它的缺点是耗能多、效率低、体积大、控制不便，优点是交直流电源都可使用，没有无线电干扰。可在实验室、电教示范和船舶导航设备的照明中使用
	调压调光器	这是一种自耦变压器，其次级电压是通过调节电刷与变压器铁轭外缠绕的线圈的接触位置来改变的。它具有耗能少、效率高、在额定功率内增加负荷不影响原来所处的调光程度的优点。缺点是只适用于交流电源、笨重、消耗较多的有色和黑色金属、不能远距离控制
	磁放大电抗调光器	它通过改变绕在铁轭上直流绕组中电流的大小，改变交流绕组的感抗。它具有良好的调光性能且控制方便，但体积大且笨重，已被电子调光器取代
	电子调光器	早期采用闸流管作为开关元件，后来采用可控硅元件。这种调光器具有重量轻、体积小、效率高、容易远距离操纵等优点，得到广泛使用。它的缺点是若不采取有效的滤波措施，会产生无线电干扰，并且对气体放电光源如荧光灯、高强度气体放电灯等来说，调光比较麻烦，采用大功率晶体管或场效应管的调光器可以克服这一缺点
按使用场合分	民用调光器	它用于家庭、办公室、会议室、学校、走廊等场合，线路简单，价格低廉，性能要求不高，常见的如台灯、吊灯上装的调光器，能满足人们在不同工作时对光线的需求，达到舒适、卫生和节能的目的
	影视舞台调光器	影视舞台调光器有单回路和多回路两种，每一回路的容量较大。多回路、容量大构成系统的亦称调光装置，其特点是回路多、功能齐、各回路调光性能一致。控制方法有手控和微机控制两种。手控方式有自控、集控、交叉控、分总控、总控和场次预选等；微机控制的除具有上述全部功能外，还能按照场次的不同和时间上的先后次序将各个舞台灯具的亮暗信息存储于微机中，按场次自动执行程序。根据影视舞台对灯光的特殊要求，已出现了音控和程序控制的调光器等新品种
	机场灯光调光器	这是一种调节机场上的高光强机场灯光、灯光系统亮度的装置。在各种气象条件下，机场灯光均应能引导飞机的起飞和降落，调光器必须满足《国际民航公约》规定的亮度等级的调节要求。机场的全套灯光系统装在很大的范围内，输送距离长，要求等级亮度不能受供电电压、负载多少（包括个别光源烧坏）和线路长短的影响，并且在塔台上能集中控制。因此，机场灯光调光器是一种输出高电压的电流可调节的恒流调光器。将各个光源接在各自的隔离变压器的次级，再将初级串接后接到调光器高压输出端，调节输出端的输出电流，即可达到调光目的

分类依据	小类	说明
按使用场合分	昼光综合控制系统	这是一种带有微机系统的自动调光系统，用于对大楼中众多的办公室或类似场所中的许多灯光进行与昼光强弱同步的、与室内工作时间程序表有关的集中调控，达到无人操作和节约电能的目的。它利用光电控制、时间程序和计算机技术，使室内的照度控制在要求的水平上。该系统包括昼光调光、时间程序控制调光和报警控制调光等。调光器的负载大多为白炽灯，少数为荧光灯

3.调光器的选用

调光器的选用取决于光源的性质，选择不当就无法达到正确的和良好的调光效果。因各个厂家调光器产品对光源及配电方式的要求可能有所差异，此部分内容配置前建议参考相应产品技术资料或直接向照明控制系统厂商做详细技术咨询。如不同光源的白炽灯（包括钨、钨卤素和石英灯）、荧光灯、各种充气灯以及照明配电方式不同等对调光器选配要求均不相同。

（三）根据照明控制要求选择控制面板和其他控制部件

控制面板是控制调光系统的主要部件，也是操作者直接操作使用的界面，选择不同功能的控制面板应满足操作者对控制的要求。控制系统一般有以下6种控制输入方式。

（1）采用按键式手动控制面板，随时对灯光进行调节控制。

（2）采用时间管理器控制方式，根据不同时间自动控制。

（3）采用光电传感自动控制方式，根据外界光强度自动调节照明亮度。

（4）采用手持遥控器控制。

（5）采用电脑集中进行控制。

（6）其他控制方式等。

（四）选择附件及集成方式

控制系统如需与其他相关智能系统集成，可选用相应的附件。

（五）施工图纸设计及编制设备配置清单

（1）施工图纸设计，该部分内容可见智能照明系统电气设计相关标准。

（2）编制系统配置清单，如系统中各产品型号、数量、使用区域、备注等相关信息。

【他山之石】▶▶

某科技企业智慧照明管理系统方案

一、概论

（一）目的

利用智慧照明管理系统，对路灯实现照明智能化管理，以达到按需照明、提高管理效率、降低能耗的目的。

（二）项目背景分析

1.必要性

由于传统的路灯管护方式存在诸多弊端，在一定程度上导致管护效率低下，人力、物力、财力投入多，夜间现场巡逻投入大、危险性高，CO_2排放多，即使这样，现场问题也不一定能够及时发现与解决；如果要临时调整开关灯时间，也只有到现场去手动调整，这样效率低，而且容易出错；如果电缆被盗，靠传统的方式也不能够及时发现并修复。有了智慧的照明管理系统，此类难题便迎刃而解。

2.可行性

智慧照明管理系统（LMS，Lighting Management System）有效地将电力线网络、GPRS网络、互联网、传感器网络、ZigBee技术融合到一起，是物联网在电力、能源行业的典型应用，其核心是利用电力线载波通信技术（PLC）来管理城市照明系统，实现智能化管理，对整个城市的路灯进行远程管理、监视和控制，通过LMS管理平台，可以在网络上的任意工作站对任何路段灯具实现7×24小时实时监控，随时掌握任何路段灯具的各项实时数据及状态，实现灯具的预维护，使得路灯时刻工作在最佳状态。

与传感器网络数据相结合，远程实现对灯具的开关时间、亮度进行控制，并可以使用地图对任何一盏灯进行维护，实现按需照明，降低能耗。自动预警、报警功能，避免了现场巡检的效率低下和由此带来的能源消耗与CO_2的排放，实现对故障灯具的快速处理。

该系统将通信、监控和拥有专利的计量技术融合，使控制终端成为一个功能和经济效能的完善结合体。控制终端使用嵌入式应用软件，将传统终端的功能融入一片智能收发器之中，成功地克服了传统使用三个以上芯片，结构复杂、体积大、价格高、数据传输易受外界噪声影响的缺点。

电力线载波的优势表现在以下3点。

（1）电力线载波是利用高压输电线路作为高频信号传输通道的一种通信方式，是电力系统特有的一种通信形式。由于输电线路机械强度高、可靠性好，不需要线路的基建投资和日常的维护费用，具有一定的经济可靠性。

（2）由于灯具直接与电力线相连，利用电力线载波远程控制其状态、读取其数据，相对于其他通信方式具有得天独厚的优势。

（3）电力线载波技术日臻成熟，和其他网络间的接口日益完善，使得多网合一、优势互补的格局越来越明显，是建设智能化照明管理系统的首选方案。

二、智慧照明管理系统的特点

智慧照明管理系统充分考虑到了用户现实工作中需要解决的问题，使得照明管理真正实现高效、可靠、易于操作，该系统主要有以下4个方面的特点。

（一）远程集中管理

通过管理平台，可以在网络上的任意工作站对远程任何地点的灯具实现7×24小时实时监控，随时掌握任何路段灯具以及电缆的各项实时数据及状态，如电压、电流、功率、能耗、功率因数、电缆是否被盗等，有问题系统则实时报警，并且自动给出维修方案，不需要安排人员每天早晚巡灯。通过实现灯具的预维护，使得路灯时刻工作在最佳状态。

（二）真正实现按需照明

可预制任意时段的开关灯计划，远程实现对任意一盏灯具的开关灯时间、亮度进行控制，可根据时间需要，在任何时段用手动方式对某一路段的灯具亮度进行调整，还可以使用地图对任何一盏灯进行维护，与温度、照度、移动探测等传感器相结合，使功率密度与区域需求达到最佳匹配。系统还可以根据当地经纬度，跟踪每天的日出日落时间，自动调整开关灯计划，实现按需照明，降低能耗。

（三）精细化维护管理

自动预警和报警功能、准确故障报修、GIS系统及导航指引、设备状态的监测和智能诊断，实现对故障灯具的快速处理。

（四）完善的资产管理功能

本系统内含一个完整的管理信息系统（MIS）子模块，可以对与路灯相关的资产进行统一管理，实现资产管理的规范性与先进性，轻松实现大规模公共资产的管理。

三、系统功能与指标

照明管理系统是一个功能非常完善的物联网系统，其主要功能如下表所示。

照明管理系统主要功能

序号	功能名称	功能说明
1	路灯监控	（1）通过分路段监控段控制器下的各单灯控制器，实时获取路灯的运行数据（包括亮度、功率、电压、耗能等），远程向单灯控制器发送开灯、关灯，以及调光指令 （2）可进行亮灯率的统计 （3）一个单灯控制器可以同时分别控制三相电上的三个独立灯头

续表

序号	功能名称	功能说明
2	故障报警	（1）按各种条件查询当前及历史的所有故障信息，查询条件包含故障发生时间、故障处理单位、故障类型、故障等级、故障状态、控制器类型、区域等 （2）故障类型：漏电、线路中断、功率异常、温度异常、照度异常、灯具状态异常等
3	区域管理	将城市划分为若干区域，实现区域的增、删、改、查操作。区域在系统中的属性如下：名称、纬度、经度、西南纬度、西南经度、东北纬度、东北经度、区域描述
4	控制器管理	在划分的区域中提供段控制器的增、删、改功能，并提供在段控制器下对单灯控制器的增、删、改功能
5	开关灯计划	为单灯控制器设定各种开关灯计划，使单灯控制器按照开关灯计划实现定时开关灯和定时亮度变化
6	用户管理	管理用户的账号、角色、权限功能，达到不同的用户进入系统后使用不同的功能
7	运行维护商管理	提供对运行维护部门的增、删、改操作
8	能耗报表	提供按区域、明细、自定义区域等方式，统计区域或单灯的能耗，并能按柱状、饼状、表格等方式进行显示，数据可自动导出到Excel中，便于进行后续统计
9	运行维护报表	根据用户实际需要，二次开发运行维护中需要的各类报表
10	路灯类型	管理路灯信息，包括额定功率、电压等信息，故障报警中将这些标准数据与实时的功率电压等进行比对，以做出正确的警报
11	设备供应商	管理设置供应商的基本信息，提供增、删、改功能
12	系统管理	分为故障报警设置与系统日志两部分，故障报警设置是对各级故障的报警方式进行设置，方式包括短信、邮件报警和系统记录方式；系统日志是对系统的操作进行日志记录
13	专家系统	（1）故障原因智能分析、故障排查智能建议的专家系统。可扩展的专家系统框架，包含故障分析和排查的专家策略 （2）对故障定位的功能进行增强。通过专家系统中的故障排除智能建议模式，为管维车队生成详细的故障点经纬度坐标，或者坐标区段（细化到某个灯杆、某个检查井，或者两个检查井之间的范围），输出包含故障位置标示的地图，方便车队快速定位目的地
14	资产管理子系统	以企业资产和设备台账为中心，工单为主线，将设备管理、采购管理、库存管理、人力资源管理以及财务管理集成在一个数据充分共享的应用系统中，实现设备动态管理，让设备检维修能够达到自动化预警和提示，大大提高设备管理效率

续表

序号	功能名称	功能说明
15	工单管理	通过故障及对应管理人员，生成工单信息，并发送邮件和短信，提示相关处理人员及时排查解除故障，并记录处理结果等信息
16	照度、温度监控	通过照度传感器、温度传感器等设备，收集现场环境信息，对现场工作环境的相关信息进行监测、监控
17	管护质量分析	根据工单处理结果、处理效率等数据，统计管护人员的工作质量，及故障的排查比率等信息，生成对应表格
18	灯源寿命	对灯源使用时间进行统计，及时反映各灯源的使用情况和剩余寿命，便于及时更换和统计灯源信息
19	根据环境照度自动开关灯	系统可根据环境照度情况自动进行开关灯

系统具有强大的扩展功能，可以通过RS485、UART、RJ45以太网口等多种标准控制接口扩展所需要的扩展模块。

本系统的指标：（略）。

四、系统构成

系统由三大部分构成：监控中心（含网络服务器和监控终端）、智能服务器和单灯控制器，如下图所示。

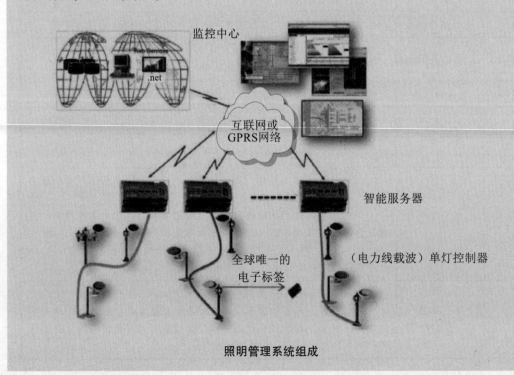

照明管理系统组成

（一）终端用户

（1）远程监控。

（2）预警、报警。

（3）实时管理。

（4）自动报表生成。

（二）网络服务器

（1）安装与维护。

（2）中央数据库及其控制。

（3）组织与存储数据。

（4）为用户管理系统提供服务。

（三）智能服务器

智能服务器主要完成以下工作。

（1）收集照明数据。

（2）与服务器及节点通信。

（3）对所属节点实时调控。

（四）单灯控制器

单灯控制器主要完成以下工作。

（1）收集光亮度、灯泡的状态、灯泡寿命、能源损耗、有无漏电等数据。

（2）根据监控中心所发指令，控制单灯状态。

（3）环境参数测量。

第三节

不同场景下的照明智能控制

一、办公楼、写字楼照明的智能控制

办公写字楼根据不同建筑空间和公司的性质，照明系统的规格与设计也是多种多样。一个良好的办公光环境，必须满足使用者眼睛的生理需求和良好的心理感受。保持足够的视觉照度和亮度，可以提高员工的工作效率，特别是现在电脑办公的时代，对于VDT（Visual Display Terminal，视频显示终端）作业，照明质量有着更高的要求。

办公大楼按照功能区域划分，通常会有办公区域、门厅、经理室、会议室、多功能厅等，各个功能区域的照明具有不同的特点。办公区域照明使用的光源主要是荧光灯与白炽灯，其中荧光灯多用于一般照明，白炽灯多用于局部照明，照度水平的设计主要取决于视觉作业的需要及经济条件的状况。办公区域的工作时间主要是在白天，可以考虑利用窗外入射的大量自然光进行照度补偿，不仅能节约大量能源，更能维持室内舒适的视觉环境。门厅是办公大楼的进出口大厅，给人以办公大楼的最初印象，因此十分重要。经理室是进行重要商谈与发号施令的地方，整个房间的照明不要求有均匀的照度，设计时应创造出一个既庄重典雅，又积极进取的气氛。会议室的整个中心是会议桌，因此必须重视会议桌的照明，在会议桌区域照度值应达到500lx，并要设法使桌子表面的镜面反射减到最少；另外照明设计还应考虑会议室各种演示设备的应用问题，如对书写板的照明，还有在使用投影仪、幻灯、摄像机、电影时室内照明设备的控制等。在以上多种重要场合，灯光效果在整个环境中起到十分关键的作用。

（一）办公楼、写字楼照明智能控制系统应实现的功能

照明智能控制系统在多功能办公楼中应用的功能和优点如下。

1.实现照明控制智能化

采用照明智能控制系统后，可使照明系统工作在全自动状态，系统将按预先设置切换若干基本工作状态，根据预先设定的时间自动地在各种工作状态之间转换。比如，上午来临时，系统自动将灯调暗，而且光照度会自动调节到人们视觉最舒适的水平。在靠窗的区域，系统智能地利用室外自然光。当天气晴朗，室内灯会自动调暗，天气阴暗，室内灯会自动调亮，以始终保持室内设定的亮度（按预设定要求的亮度）。

当夜幕降临时，系统将自动进入"傍晚"工作状态，自动地极其缓慢地调亮各区域的灯光。

此外，还可用手动控制面板，根据一天中的不同时间、不同用途精心地进行灯光的场景预设置，使用时只需调用预先设置好的最佳灯光场景，使客人产生新颖的视觉效果。

2.美化服务环境吸引宾客光临

好的灯光设计能营造出一种温馨、舒适的环境，增添其艺术的魅力。人们对办公楼的第一印象是办公楼大堂接待区域，高雅别致的光环境可给予人们一种宾至如归的感觉，增添人们对办公楼的好感，亲切而又温馨。

多功能办公楼内包括餐厅、会议室、多功能厅等，利用灯光的颜色、投射方式和不同明暗亮度可创造出立体感、层次感，不同色彩的环境气氛，不仅使人们有个舒适的工作环境，而且还可以产生一种艺术欣赏感。

3.可观的节能效果

办公楼除了给人们提供舒适的环境外，节约能源和降低运行费用是业主们关心的又一个重要问题。由于照明智能控制系统能够通过合理的管理，根据不同日期、不同时间按照各个功能区域的运行情况预先进行光照度的设置，不需要照明的时候，保证将灯关掉。在大多数情况下很多区域其实不需要把灯全部打开或开到最亮，照明智能控制系统能用最经济的能耗提供最舒适的照明；系统能保证只有当必需的时候才把灯点亮，或达到所要求的亮度，从而大大降低了办公楼的能耗。

4.延长灯具寿命

灯具损坏的致命原因是电压过高。灯具的工作电压越高，其寿命则成倍降低。反之，灯具工作电压降低则寿命成倍增长。因此，适当降低灯具工作电压是延长灯具寿命的有效途径。照明智能控制系统能成功地抑制电网的冲击电压和浪涌电压，使灯具不会因上述原因而过早损坏。还可通过系统人为地确定电压限制，提高灯具寿命。照明智能控制系统采用了软启动和软关断技术，避免了灯丝的热冲击，使灯具寿命进一步得到延长。

照明智能控制系统能成功地延长灯具寿命2～4倍，不仅节省大量灯具，而且大大减少更换灯具的工作量，有效地降低了照明系统的运行费用，对于难安装区域的灯具及昂贵灯具更具有特殊意义。

5.可与其他系统联动控制

智能照明可与其他系统联动控制，如BA系统、监控报警系统，当发生紧急情况后可由报警系统强制打开所有回路。

6.提高管理水平、减少维护费用

照明智能控制系统，将普通照明人为的开与关转换成了智能化管理，不仅使办公楼的管理者能将其高素质的管理意识运用于照明控制系统中去，而且同时将大大减少办公楼的运行维护费用，并带来极大的投资回报。

（二）办公楼、写字楼照明智能控制系统设计要点

1.公共区域照明

走廊在办公楼中是必不可少的，在办公楼走廊的照明最能体现智能照明的节能特点，没用到智能照明时当走道没有人经过的时候灯还依然亮着，这就大大浪费了电能。智能照明系统可以设置1/2、1/3场景，根据现场情况自由切换。也可以设置红外感应控制，在走道各出入门放置红外感应设备，无人的时候，只需要开启1/2或1/3场景模式，而当有人经过走道时被红外感应到，走廊灯就会全部打开，当红外检测无人时又会关闭部分

灯具，这样最大限度地节约了能源。

控制方式如下。

中央控制：在主控中心对所有照明回路进行监控，通过电脑操作界面控制灯的开关。

红外控制：全开、全关，隔灯开、隔灯关等模式。

隔灯控制：利用隔灯的方式区分照明回路，实现1/3、2/3、3/3照度控制。

现场可编程开关控制：通过编程的方式确定每个开关按键所控制的回路，单键可控制单个回路、多个回路。

2.办公区域

由于职员办公区面积大，可以将整个办公区分成若干独立照明区域，采用可编程开关，根据需要开启相应区域的照明。由于出入口多，故实现办公室内多点控制，方便使用人员操作。在每个出入口都可以开启和关闭整个办公区的所有的灯，这样可根据需要方便就近控制办公区域的灯。同时办公室内电动窗帘可与灯控进行联动，根据室外照度情况通过触摸面板控制窗帘升降，这样不仅方便使用人员操作，而且减少了电能的浪费，保护了灯具，延长了灯具的使用寿命。

（1）控制方式。中央控制：在主控中心对所有照明回路进行监控，通过电脑操作界面控制灯的开关。现场可编程开关控制：通过编程的方式确定每个开关按键所控制的回路，单键可控制单个回路、多个回路。

（2）将全楼的照明系统接入照明智能控制系统继电器及控制设备，并构建上位系统，通过云管理系统，对其全楼的照明系统实现网络化管理。管理人员只需在中控室就能对全楼的照明情况进行监视和控制，极大节省人力物力。

（3）通过上位界面绘制各部门位置图，并对系统设置群组功能，实现对楼内不同区域多回路照明的统一控制。

（4）利用日程控制器，或在web服务器上设置日程安排的程序可以实现对照明回路定时定位的控制，并可以通过添加节假日等特殊日期，使得日程控制方式更加灵活和人性化。

（5）通过将走廊等公共区域的照明回路接入照明控制系统，并在公共区域的适当天花板位置加装热线传感器，通过监测人体和周围环境的温差和位移，实现对公共区域回路的控制，达到人来灯亮人走灯灭的效果。如果走廊、卫生间等有窗户，有自然光的情况下还可使用带有照度感应能力的热线传感器头，这样当室内照度水平相当时，即使人经过，灯具也不会点亮，最大限度利用自然光节能。传感器还具有0秒至30分钟的延时设定功能，可根据被控区域的使用情况任意设定，杜绝了频繁开关灯具对其寿命的损害。传感器自动控制除了满足节能需求外，更重要的是提高了写字楼的档次，将公司积极的节能意识和形象传递给员工和客户。

（6）会议室的对应解决方案为，将会议室的灯具根据安装位置及使用需求设计成不同回路，并将这些回路都接入照明控制系统中，投影布等设备需要装专用电机控制模块。在会议室中间天花位置安装无线接收器，根据会议使用的不同需求将被控回路编成演讲、讨论、屏幕放映等不同模式，通过无线遥控器，使得会议组织者可以在自己的座位上就能一键控制会议灯光效果。

（7）照明智能控制系统与传统照明系统的最大不同，就是用弱电来控制强电。所有的控制开关面板都为弱电接线，因此开关面板与照明回路可以任意形式组合。这种灵活的控制手段极大地满足大开间办公布局变化的需求，发生布局变化时，只需用无线程序设定器或web服务器来对控制面板设定新的控制范围，就可以轻松实现控制，不需要更改线路。

（8）对靠近窗边的照明回路单独作为一个控制回路，在靠近窗边1米位置安装照度传感器，并按照GB 50034设定办公区域的目标照度值300lx（或500lx），当室内通过自然采光的照度大于300lx（或500lx）时灯具自动关闭，当小于300lx（或500lx）由照明灯具补充照明。还可以通过选用可调光光源及系统调光模块，实现照度控制调光等级，使室内照明始终保持在良好的照度环境下，并最大限度地利用自然采光节能。

（9）在云管理系统或日程设定器上设计不同季节、节假日及平常日的景观控制方式，系统会自动识别所在地的经度纬度、日出日落时间，对景观、夜景照明进行灵活控制。

（10）对于24小时都有使用需求的地下车库，为实现电能的节省，可对车库使用频率的高低进行划分。高峰时间段时点亮车库全部照明，方便车辆进出和寻找车位；低谷时间段时开启部分区域的照明，关闭其他区域，引导车辆驶入对应的小区域。同时通过检测车库的二氧化碳数据，当二氧化碳浓度高时，说明此时车辆进出频繁，应调高车库的整体照度水平。

（11）照明智能控制系统可通过嵌入式网络模块实现远传的访问和控制。通过使用云管理系统，将本地建筑照明系统的情况发布汇总到目标的远程地址，实现集团用户的统一管理。

二、超高层建筑照明的智能控制

超高层建筑一般楼层多、建筑面积大及使用功能复杂，需要可靠性高的照明控制。超高层建筑规模大、场景需求多，照明能耗占整个智能办公建筑能耗的20%以上，照明节能更加必要。照明智能控制系统通过系统优化不但能满足超高层建筑多功能的复杂控制需求，还能达到降低照明能耗的目的。

照明智能控制系统是基于总线型的控制系统，具备统一的网络，结构比较简单，通常包括主机、智能控制器及终端模块。

（一）照明智能控制系统控制方式

超高层建筑照明智能控制系统控制方式如图3-11所示。

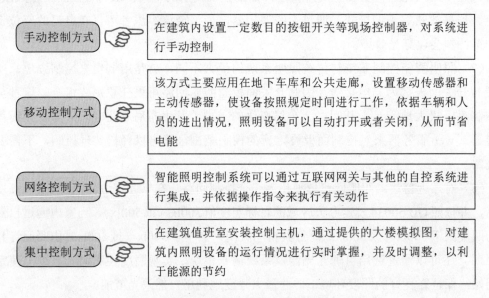

手动控制方式	在建筑内设置一定数目的按钮开关等现场控制器，对系统进行手动控制
移动控制方式	该方式主要应用在地下车库和公共走廊，设置移动传感器和主动传感器，使设备按照规定时间进行工作，依据车辆和人员的进出情况，照明设备可以自动打开或者关闭，从而节省电能
网络控制方式	智能照明控制系统可以通过互联网网关与其他的自控系统进行集成，并依据操作指令来执行有关动作
集中控制方式	在建筑值班室安装控制主机，通过提供的大楼模拟图，对建筑内照明设备的运行情况进行实时掌握，并及时调整，以利于能源的节约

图3-11　超高层建筑照明智能控制系统控制方式

（二）各空间的照明智能控制

1.建筑内的服务间

建筑内的服务间是指固定办公室、客人休闲包间和设备用房，采用常规的硬线控制，由工作人员进行照明开关控制。

2.超高层建筑内的公共区域

超高层建筑内的公共区域，人流量大，选择合理的照明控制系统十分必要。公共区域中使用智能照明总线控制，公共区域包括大堂区、门厅区、宴会厅、电梯厅、泛光照明、公共走廊和室外道路等，照明控制手段包括红外控制、就地方式、声控方式和定时控制等。

（1）开放式空间。智能办公开放式空间包括大堂区、门厅区和宴会厅等，该区域的灯光布置和灯具选择，除了一般的照明需求，还为了烘托气氛，体现装饰的美感和整体形象，营造舒适的环境。所以，采用预先编程控制方式对开放式空间内的照明进行控制，并依据各区域的实际情况，准备多种灯光场景组合，而且工作人员可以直接通过触摸屏或智能面板现场操作，以满足不同的需求，达到不同的视觉效果。

电梯厅照明通过设置定时器与人体移动感应器控制，人流高峰期开启全部的普通与装饰照明，平时只开启普通与部分装饰照明，人流较少时，只开启普通照明，并结合人体感应器控制。

（2）泛光照明（建筑物泛光照明、景观照明、广告照明和道路照明等）。超高层建筑一般作为标志性建筑，泛光照明的总体效果很重要。通过照明智能控制系统，把照明组合进行预先设置，依据不同情况选择不同的控制方式。泛光照明、景观照明和广告照明使用定时器，在不同的季节设置不同的开启时段，并结合不同的节日、事件进行场景控制；道路照明使用亮度控制器结合定时器控制，降低能耗。

（3）走廊、室外道路和运输通道等区域。在服务区内对该区域的照明控制进行设定，一般采用自然光进行照明，当自然光较暗时采用人工照明，依据当时的自然光强度，使用照度传感器和定时器等对照明系统实施分段控制、分时控制。此外，室外道路的照明控制具备远程控制功能，运输通道、走廊具有智能开关控制功能，其开关分别设置在值班室、每层电梯厅。

在建筑的适当位置还要设置适量的照度传感器，感应开关通过测定的照度值，对比设定值，来控制照明开启，最大限度利用自然光，实现节能。

三、地下车库照明的智能控制

（一）地下车库、停车场照明现状及存在的问题

1.地下车库、停车场照明现状

目前车库的照明光源基本是采用T8或T5直管荧光灯，灯具大致分为盒式荧光灯具和防尘型灯具两大类。安装采用照明母线方式、吸顶方式和吊链方式等。控制方式基本采用集中人工控制，由值班员在值班室操作，基本为常开状态。由于地下车库需要24小时不间断照明，车库照明处于长明灯状态，耗电量高，灯管的损耗率非常高，需经常更换灯管，维护工作量大，维护费用高。有些车库为了节电，只装一半的灯管或开一半灯，有的地下车库开灯率不到30%，照度不仅达不到标准值要求，而且易发生安全事故，也不方便使用。

2.不同类型建筑的车库使用情况

商业、餐饮服务业及医疗建筑等地下车库，工作期间车辆的流动频率较高，平均2小时左右流动换位一次，但是非营业时间几乎没有车辆流动，照明灯具依然处于常亮状态；交通建筑如机场、火车站等车库每天6点至23点人员、车辆流量较大，午夜期间也很少有车辆流动；政府办公楼、写字楼和居住小区等车辆的流动频率较低，早晚上下班时间是车辆流动的高峰期，其余时间几乎很少有车辆和人员流动，照明灯仍然处于长明状态，

照明用电浪费非常严重。

（二）地下车库、停车场照明智能控制方式

地下车库、停车场照明智能控制方式有许多，如表3-4所示。

表 3-4　地下车库、停车场照明智能控制方式

序号	方式	说明
1	车道智能灯为单灯智能控制方式	行车道采用微波感应、红外等控制技术；停车位采用红外控制技术。当有车、有人活动时，智能灯全功率开启，实现高亮状态，满足照度标准的要求；当无车、无人活动时，光通量降低到额定值的10%～15%，实现低亮状态，并且切换过程采用渐变方式，时间0.5～2s
2	行车道灯采用链式感应控制方式	当第一个灯点亮时，其余行车道灯沿行车方向顺序点亮，停车位控制方式同方式1
3	采用系统控制方式	视频感应或独立传感、组网控制方式
4	停车位智能灯采用红外感应单灯单控方式	有车、有人活动时，智能灯全功率开启，无车、无人时智能灯延时10～20s后熄灭，实现最大限度节能
5	室外型	室外停车楼，LED智能车库灯要增加亮度自动控制功能，当场内亮度低于规定值时，照明灯具才能开启，实现方式1至方式4的控制程序
6	多功能型控制系统	除基本型功能外，车库智能照明系统还附加了车辆进出库数量存储记忆功能、车辆车位空位显示及入位导向功能、车位寻址功能等，车位灯熄灭后蓝光显示空位、红光显示已占车位等功能
7	车道灯采用无线控制方式	车道范围内任何一支灯具感到人、车移动，在15～20m范围内的车道灯接收到信号，呈高亮状态，其余车道灯仍处于低亮状态

（三）地下车库、停车场适用照明灯具的要求

由于LED是固态光源，具有体积小、响应快、可以模块组合、功率大小可以随意调整、直流电源驱动的特点，智能车库照明灯的制造应充分利用这一特点。如图3-12所示。

（1）地下车库智能LED灯应根据车库的特点，制造与其相适应的灯具。灯具内，光源和控制电源要采用模块化设计，电源、控制模块与LED光源模块要采用接插件方式连接，便于维护更换。要降低材料的消耗，节材也是节能的一部分。

图3-12　地下车库照明智能控制

（2）灯具内导线为铜线，截面应大于$0.5mm^2$；灯具外引导线为铜线，截面应大于$1.5mm^2$。主要考虑导线机械强度和短路保护的需要。

（3）配光合理，控制眩光对车辆和行人的影响。

（4）车辆、行人的感应距离不宜低于10m。

（5）安全保护接地应符合国家有关规范的要求，电源内置式灯具的可导电部分的金属外壳应有PE线接线端口，采用专用接地端子，可靠接地。

（6）灯具应便于施工安装，具有吊装卡件和软导管接口。金属结构的灯具进线孔应打磨光滑并加护套圈。

（7）灯具安装所需的支架及零部件均应作防腐处理。

（8）灯具的防护等级应达到IP5X。

（9）光源和控制电器的使用寿命达到25000小时以上。

【他山之石】 ▶▶

某企业地下车库、停车场照明智能控制方案

一、地下车库、停车场照明管理的要求

（1）目前，大面积的地下车库通常采用节能灯或者减少照明灯来降低电能消耗，并没有达到最大的节能效果。只开启需要的照明，只在需要的时间开启成为重要的节能要求。

（2）在不同的环境下能够形成不同的场景，提供最佳的照明让车主快速安全地行驶进出停车场。

（3）现代化地下车库照明对智能化管理的需求在不断增加，借助中央监控电脑实现集中控制、定时控制、自动控制等效果，是提高地下车库管理水平的重要手段。

（4）作为楼宇自动化的一部分，应该与物业系统、保安系统、消防系统形成联动，协调工作，遇到突发情况时提供应急照明。

（5）耐用可靠，性能稳定，日常维护管理简单。

（6）地下车库强弱电线缆本身比较繁杂，要求照明系统布线少，施工方便。

二、方案介绍

1. 出入口处

（1）环境光照度感应。为防止人眼"适应性滞后"现象造成司机瞬间盲视，在车库的出、入口外安装环境光照度传感器。根据出、入口外太阳光的强弱，自动调节出入口处的灯光，达到过渡照明的效果，保证行车安全。

（2）车流量检测。在满足光照度的前提下，根据地下车库出入口车流量开启相关照明回路，指引车辆出入。当车流量为零时，自动延时熄灭，延时时间可以由用户自行设置。

2. 内部照明

一般来说，地下车库内部照明分为车道照明和车位照明。

（1）车道照明。车道照明采用定时场景控制的方式。根据车库的日常流量状况，设置高峰期、次高峰和低谷期等时间段。高峰期开启全部车道照明，次高峰开启2/3隔灯照明，低谷期开启1/3隔灯照明。节假日期间单独控制，白天开启1/2车道灯，夜间车流量极小时仅开启1/3车道灯提供基本照明。

（2）车位照明。车位照明采用动静感应的方式，达到车来灯亮、车走灯灭的效果。当传感器在感应范围内检测到有车驶入时，立即开启该区域的车位灯提供需要的照明；当没有人或车辆活动时，延时关闭该区域的车位灯以节约电能。

3. 系统联动

地下车库照明控制系统能够与物业系统、保安系统、消防系统等楼宇自控系统形成联动，协调工作。

三、功能特点

（1）控制方式灵活多样。包括智能面板、触摸屏面板、光照度感应、人体感应、定时控制、远程网络控制、中控电脑等，适应车库多样化的控制需要。

（2）功能拓展和修改程序化。使用功能需要增加或修改时，只需要简单的程序调整，无需重新布线，适应车库区域功能的变化。

（3）功能模块智能化，系统稳定性强。每个功能模块都自带微处理器，能够独立工作，即使其中一个模块发生故障，即使一个分区停止工作，即使中央监控功能中断，也不会对整个系统的运行造成影响。

（4）最大限度地节省电能。系统可根据办公楼管理的功能需要和环境变化，手动或自动调节照明、开关相关功能，确保只在需要时开启，只开启需要的功能，杜绝长明灯。

（5）延长灯具使用寿命。系统采用了软启动和软关断技术，抑制电网的冲击电压和浪涌电压，避免了灯丝的热冲击，延长灯具使用寿命。

（6）系统维护方便、成本低。系统具有工作状态及故障回馈功能，无需人工巡检，从监控中心就可以获得系统的各项运作信息，方便检查和维护。

（7）优秀的兼容性。凡是符合W-BUS标准的产品，都能在同一系统中使用，扩大系统设备的选择范围，个性化功能轻松实现。

（8）良好的开放性。系统能够与物业管理BMS系统、楼宇自控BA系统、保安系统、消防系统等进行联动，协调工作。

（9）安全性能高。所有系统设备由一条总线提供电源和传输数据，采用24V安全低电压，操作安全可靠。

（10）较普通总线控制系统更具优越性。系统结构更灵活，布线更少，传输速度更快，通信更安全，充分满足现代化车库照明控制的智能化、自动化需要。

整个地下车库采用分区（A区和B区）、分时段（早中晚、节假日）、分场景控制，在无需人工干预的情况下可实现自动化运行，充分发挥智能照明系统的高效节能。

高峰模式：在白天，早、中、晚上下班时间处于车流量高峰期，启动高峰模式，自动开启全部洗墙灯和普通照明灯，应急照明处于常亮状态，以保证行车安全。

普通模式：在白天，除早、中、晚的其他时间里，车流量较小时，启动普通模式；自动关闭全部洗墙灯和一半的普通照明灯，保留另外一半普通照明灯，应急照明灯处于常亮状态。

夜间模式：进入夜间后，自动开启夜间模式，车库内的应急照明保持常亮状态，关闭全部洗墙灯和普通照明。当有车辆从入口进入时，自动开启A区内的一半普通照明，延时一段时间（停车需要的最大时间）后自动关闭；当车辆驶离A区时，自动开启B区内的一半普通照明，延时一段时间（停车需要的最大时间）后自动关闭；当有人从电梯或楼梯进入车库时，自动开启附近区域的一半普通照明灯，以方便车主驾车，延时一段时间（驾车需要的最大时间）后自动关闭；当车辆从B区驶向A区（逆向行驶），自动开启A区内的一半普通照明，延时一段时间（停车需要的最大时间）后自动关闭。

节假日模式：用户可预先设置一年365天的节假日日期，在节假日期间自动开启节假日模式。车库内的应急照明保持常亮状态，关闭全部洗墙灯和普通照明。当有车辆从入口进入时，自动开启A区内的一半普通照明，延时一段时间（停车需要的最大时间）后自动关闭；当车辆驶离A区时，自动开启B区内的一半普通照明，延时一段时间（停车需要的最大时间）后自动关闭；当有人从电梯或楼梯进入车库时，自动开启附近区域的一半普通照明灯，以方便车主驾车，延时一段时间（驾车需要的最大时间）后自动关闭；当车辆从B区驶向A区（逆向行驶），自动开启A区内的一半普通照明，延时一段时间（停车需要的最大时间）后自动关闭。

触摸屏面板控制：管理人员使用触摸屏面板能够很方便地掌握和控制整个地下车库的照明。触摸屏面板配置了一键强启、备用场景、回路控制等功能，不仅满足应急情况下强制启动所有的照明，而且方便日常检修、维护、安全巡查和清扫清洁等。

【他山之石】▶▶

××地下车库照明智能控制系统

一、前言

与地面建筑相比，地下建筑最大的特点是天然采光少，主要依赖人工措施照明。另外，地下建筑的环境对灯具及线路影响较大。因此，地下照明使用时间长、对照度和可靠性要求高。地下车库照明系统最大的特点在于需要长时间运行，即使是在使用的低峰期也需要在一些特殊的部位保持一定的照度。对于很多地下车库而言，不管有人没人，灯具都处于打开状态。有的物业管理单位采用更换更小瓦数的灯具或人为的使部分灯具不工作（拆除启动器等）来降低车库的运行成本，这些方法都是不可取的。

随着科技进步和社会发展，对照明系统的节能和科学管理提出了更高的要求。但在目前能源问题突出、资源相对匮乏的背景下，如何将先进的技术运用到智能建筑中，在为人们提供安全、舒适、便捷的生活环境的同时，又要优先选择节约能源的新技术产品已经成为智能建筑设计当中必须考虑的问题。因此，在地下建筑中，应把智能照明作为智能化系统重要的组成部分来考虑，合理选用光源、灯具及性能优越的照明控制系统，提高照明质量和节能效果。

TS-BUS照明智能控制系统利用先进的KNX技术、EnOcean自获能式无线传感技术、计算机技术等，将各种用电设备有机地结合在一起，通过集约化的能源管理方式，实现能源的合理利用和分配，更加低碳、节能。

二、TS-BUS照明智能控制系统简介

TS-BUS照明智能控制系统是基于KNX/EIB总线标准和EnOcean自获能式无线传

感技术设计的建筑电气控制系统，是从节能增效角度出发，对建筑照明灯具实现智能化自动控制的全新解决方案。

（一）KNX/EIB总线标准

1990年5月8日，以ABB、SIEMENS、MERTEN、GIRA、JUNG等共七家欧洲著名的电气产品制造商为核心组成联盟，制定了欧洲安装总线规范（European Installation Bus），成立了中立的非商业性组织EIBA（European Installation Bus Association，欧洲安装总线协会），EIBA会员生产的产品的销售额占据了欧洲楼宇、家庭自动化设备销售额的80%。

EIB系统在欧洲被称为European Installation Bus，即欧洲安装总线，在亚洲则是指Electrical Installation Bus，即电气安装总线。迄今为止，已有一百多家制造厂商成为EIBA的会员，按照开放的EIB标准生产能够相互兼容和交互操作的各种元器件，各类产品品种多达4000多种，几乎覆盖了建筑中各个行业和各种用途的需要。经过十多年的发展，EIB不仅成为事实上的欧洲标准，也被成功地引入世界各地，2000年时在IEC国际现场总线标准大会上被作为提名国际标准之一。1999年，EIB技术开始被引入中国，在短短的几年时间内，以其优越的性能和质量获得了很大的成功。2007年，被中国控制网络HBES技术规范住宅和楼宇控制系统吸收为国家标准GB/Z 20965—2007。

KNX/EIB系统是目前世界上最先进、应用最广泛的总线控制技术。传感器（如按钮）与驱动器之间用单根双绞线连接（DC24V控制电压），可采取串接连接或菊花链式连接，每个智能元件之间都可互通信息。由传感器发出指令，相应的驱动器执行动作，输出一个或一组触点，以实现对灯光等用电设备的控制。与传统控制不同的是，传感器和驱动器之间的对应控制关系不是通过各种复杂的线缆连接实现，而是通过该系统专用的ETS编程应用软件进行定义、组合，再通过接口下载到每个元件。

（二）EnOcean技术

EnOcean是一种基于微弱能量收集技术的无线通信标准。TS-BUS基于EnOcean标准开发的自获能式无线传感器，能够从光、热、电波、振动、人体动作等获得微弱能量供电，而不需要额外提供能量。传感器利用868.3MHz频带进行无线通信，实现高达125kb/s的传输速率。结合微弱能量收集技术和高效的无线通信技术，TS-BUS实现了真正的方便安装和免维护的智能无线传感。

（三）TS-BUS系统控制原理图

如下图所示。

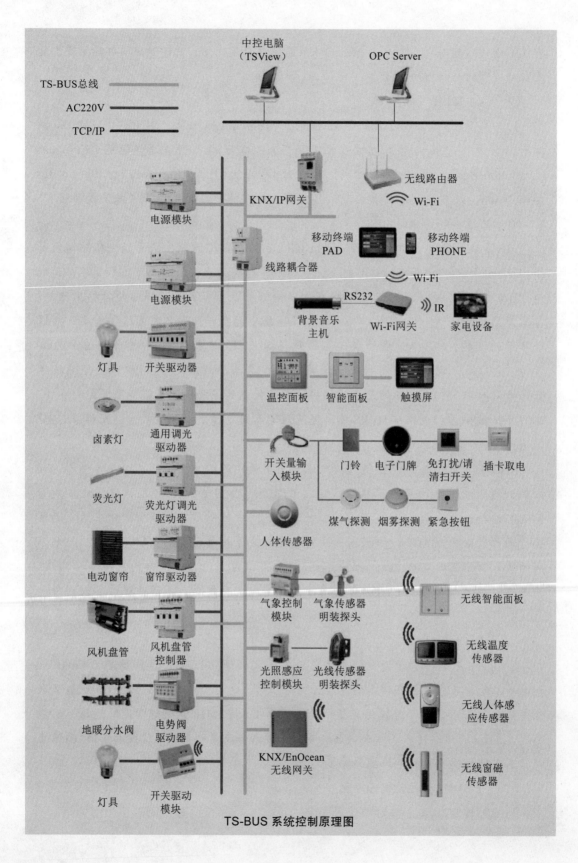

TS-BUS 系统控制原理图

（四）TS-BUS 系统在地下停车场应用中的优点

地下停车场的主要用电设备是灯具，采用 TS-BUS 照明智能控制系统不仅可满足便捷控制、灯光效果等要求，而且有可观的节能效果及灯具寿命的延长效果，又能在降低运行费用中得到经济回报。

1.能满足用户科学化管理的要求

照明系统自动化是实现车库科学化管理的必要条件，传统控制对照明的管理是人为化的管理，采用人工控制方式，必须一路一路地开或关，在管理上需要投入大量的人员，无法实现科学化管理。而且，在停车场应用场合，相对于楼宇控制中常见的 DDC 控制方式，TS-BUS 智能控制具有更多的优势，如下表所示。

TS-BUS 与 BADDC 控制的比较

TS-BUS	BADDC
有现场智能面板，控制方便，更安全	无现场智能面板
现场智能面板具有防误操作、防乱按功能，使用更安全	无此功能
灯光控制模块可直接控制负载，最大16A，不需要接触器	通过DDC控制接触器，控制环节多
灯光控制模块中的触点具有自锁功能，更安全	通过DDC控制接触器，接触器的触点不具有自锁功能
灯光控制模块直接控制负载，无接触器，安装体积小	通过DDC控制接触器，安装体积大
灯光控制模块和MCB安装在同一照明箱中，节省箱体	DDC需要单独安装箱体，MCB和接触器也需要箱体
全分散结构，即使没有上位主机，系统仍可正常工作	需要上位主机

TS-BUS 照明智能控制系统可实现能源管理自动化，通过分布式网络，只需一台计算机就可实现对整个停车场的管理。操作人员只需轻按鼠标，即可对每个区域的照明进行控制，同时还可以通过电脑及时掌握整个系统的照明状态，并能轻而易举地实现定时控制、场景控制等多种智能方式，把照明节能效率发挥到最佳状态。

2.满足停车场经济性运行要求

未采用照明智能控制系统的停车场，大部分采取拆卸日光灯的做法来实现照明节能。采用类似这种方式节能的最大问题是，车库地面照度远远低于国家规定的标准，有的车库地面照度甚至低于30lx。照度不足容易导致驾驶员误判，引发事故，并容易激起物业管理人员与业主之间的矛盾。

采用TS-BUS照明智能控制系统的停车场，可实现不同时段、不同需求的不同合适照度。管理员能够通过现场智能面板进行场景控制，一个按键即可实现"全开""车位""车道"等场景。

3.保证停车场安全可靠

现代化建筑有多种报警措施及安全服务，各系统间相互结合，并以计算机网络的形式实现，在各种紧急突发事件中，能做出迅速果断的处理，为建筑的安全提供了可靠的保障。TS-BUS系统留有报警系统接口，加入开关量输入模块，报警信号一旦接入，可以联动灯光进行动作。

4.安装便捷、节省电缆

智能照明系统采用二芯线控制，用KNX总线将系统中的各个输入、输出和系统元件连接起来，大截面的负载线缆从输出单元的输出端直接接到照明灯具或其他用电负载上，而无需经过智能开关。安装时不必考虑任何控制关系，在整个系统安装完毕后再通过软件设置各个单元的地址编码，从而建立对应的控制关系。由于系统仅在输出单元和负载之间使用负载线缆连接，与传统控制方法相比节省了大量原本要接到普通开关的线缆，也缩短了安装施工的时间，节省人工费用。

5.延长灯具寿命

未采用智能控制时：大部分区域的灯光在白天处于常亮的状态。

采用智能控制后：灯具根据控制需要，用自动定时控制和手动软件操作，合理打开所需区域所需回路的灯光，避免不必要灯光的电能消耗。

由于让灯具科学地轮换"休息"或零星运行，大大地延长灯具的使用寿命，降低灯具的使用成本。

TS-BUS系统是一个基于开放式的EIB/KNX总线标准，针对现代建筑的控制需要而产生的一套智能建筑控制系统。此系统具备开放性、分布式、兼容性、稳定性及安全性高的特点，同时具备强大的可扩展性及施工简单的优势，且EIB/KNX在国内已成功使用近十年。

系统工作原理如下图所示。

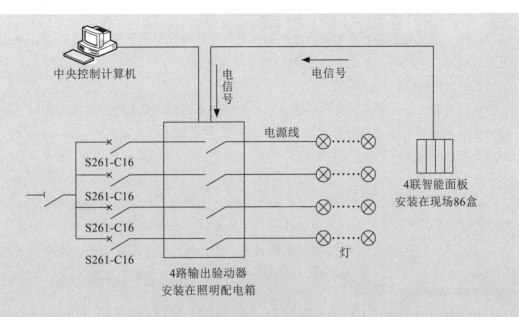

TS-BUS 工作原理图

系统元件分为三类：①传感器；②执行器；③系统元件。此三类元件除电源模块外大部分均内置处理器及存储器，通过一根TS-BUS总线电缆连接起来，每个模块通过唯一的物理地址与其他模块相区别，经过编程后的组地址设定各种功能，传感器送出组地址信号后通过器判断执行器做出相应的动作。

三、方案设计

（一）工程概况

（略）。

（二）设计要点

1.定时控制

在系统中央管理控制主机的作用下，此区域的照明处于自动控制状态，控制逻辑可以根据要求进行调整设定。车库位于地下室，常年光线阴暗，根据实际照明及车流量的情况，可将一天的时间分成几个时段，比如上下班高峰、平时、下班后至午夜、午夜至早晨四个时段，通过软件的设置，在这些时段内，自动控制灯具开闭的数量，以达到受控区域不同的照度，这样灯光的照明既得到了有效的利用，又大大地减少了电能的浪费，保护了灯具，延长了灯具的使用寿命。在平时时段开启部分照明回路来提供基本照明（比如，只开启坡道、车道处的部分照明，车位部分照明全部关闭）；上下班高峰期间，车辆进出繁忙，车库照明处于全开状态；下班后至午夜期间开启比平时工作时段更少的照明回路或关闭所有回路；午夜至早晨，关闭所有的回路，如有车辆驶入驶出，可根据人体感应器来自动控制灯的开闭。如有特殊需要，可在集中管理中心用电脑监控界面开启或关闭照明，当符合了自动控制的要求时，系统会自动恢复到自动运行的状态，无需手动复位。

2.感应控制

通过在车道上方、车库上方、通道口安装移动感应器的方式对照明进行控制，当过道有车辆通过时，联动打开相应区域的灯光，车走后延时关闭灯光。当人经过时，联动打开相应区域的灯光，无人时延时关闭，节约能源，实现移动感应器的控制功能。

3.面板控制

在整个地下车库灯光管理系统中，无需和传统灯控一样每个回路安装一块面板。目前针对在监控中心内和每个区域安装智能面板，用于物业管理人员巡查，便于处理突发事件，控制地下车库开启或关闭全部灯光。

4.集中控制

中控软件装在中控室的电脑上，通过软件控制，可以实现以下功能。

自动功能：场景随设定时间自动切换。

手动功能：一键操作可以实现总控开闭或者单回路开闭控制。

四、家庭照明的智能控制

（一）普通家居照明系统的缺陷

（1）传统家居的建筑布线开关手动化，一直束缚着人们，使用不方便，布线烦琐，手动开关潜在有很大的安全隐患。

（2）红外线遥控，手动物理调光，不具备节电功能，没有记忆存储功能，不能起到保护眼睛的作用。

（3）照明灯饰款式虽多，但缺乏技术创新，建筑布线模式化，浪费开关、浪费电线，更浪费人力物力和工时。

（4）光亮固定化，功率消耗大。存在这些不良问题，远远不能适应社会发展需要，严重背离国家提倡的环保节能。

（二）智能家居照明系统工作原理和特点

智能家居的照明控制系统，其实就是根据某一区域的功能、每天不同的时间、室外光亮度或该区域的用途来自控制照明，是整个智能家居的基础部分。

智能照明系统则可进行预设，即具有将照明亮度转变为一系列设置的功能。这些设置也称为场景，可由调光器系统或中央建筑控制系统自动调用。在家庭内使用时，可以采用集成中央控制器的形式，并可能带有一个触屏界面。

总体而言，智能照明系统作为整个智能家居的核心部分，特别适合于大面积住房，它将使生活方便、舒适。照明控制系统分为独立式、特定于房间式或大型的联网系统，在联网系统中，调光设备安装在电气柜中，由诸如传感器和控制面板组成的外部设备网络来操作。联网系统的优势是可从许多点来控制不同的房间中区域。在家庭中，可以在靠近主进口的墙上安装一个控制面板，以此作为多个房间的主控制点。

（三）智能照明系统在实际应用的理想效果

由于大户型的家庭住宅有多个需要照明的场所，包括客厅、餐厅、卧室、书房、厨房等，在智能家居设计的过程中，智能照明系统根据各个房间的要求，进行灯光设计和控制，实现理想效果，如表3-5所示。

表 3-5　智能照明要求

序号	照明场所	智能照明要求
1	客厅	客厅是会客的区域，也是一个家庭集中活动的场所，一般配有吊灯、射灯、壁灯、筒灯等，可以用不同的灯光相互搭配产生不同的照明效果，如休闲、娱乐、看电视、会客等场景模式供随时选用。比如，设定会客为吊灯亮80%、壁灯亮60%、筒灯亮80%；看电视场景为吊灯亮20%、壁灯亮40%、筒灯亮10%。因为采用了调光控制，灯光的照度可以有一个渐变的过程，通过遥控器或通过面板的现场控制，可以随心所欲地变换场景，给客人营造一种温馨、浪漫、幽雅的灯光环境
2	餐厅	餐厅是就餐的场所，采用场景控制设定各种照明模式，可设为中餐、西餐等多种灯光场景，给家人营造温馨、浪漫、高雅的就餐灯光环境。照明要综合考虑，一般只要中等的亮度就够了，但桌面上的亮度应适当提高
3	卧室	卧室是主人休息的地方，需要控制中央的吊灯、床头的射灯、壁灯以及四周的筒灯，营造一个宁静、温和的休息场所，同时也要满足主人整理、阅读、看电视、休息等不同照度要求，要根据不同要求，调节出适合身心、能减少疲劳的灯光照度
4	厨房	厨房要有足够的亮度，而且宜设置局部照明
5	书房	书房则以功能性为主要考虑，为了减轻长时间阅读所造成的眼睛疲劳，应考虑色温较接近早晨太阳光和不闪的照明。智能照明系统利用遥控器，可以随心所欲地调节每组灯的亮度和开关
6	卫生间	卫生间要求一般，而如果有特殊要求，如化妆等就要有足够的亮度了，并且应配置局部照明

（四）智能家居照明系统的设备和要求

针对大户型的装修风格和智能控制的需求，结合物联智能家居控制系统的控制方式的方便、灵活、易于修改、易于操作、易于维护等特点，实现照明智能控制的系统解决方案。

（1）系统采用数字总线设计，采用2芯双绞线，所有设备通过2芯双绞线以星形或串形结构连接，连接不分极性，布线简单方便，极大地节省了安装时间，减少了安装错误，降低了施工费用和后期维护费用；采用DC27V低电压供电方式，安全可靠，无电磁辐射。

（2）信号传输速率很高，抗干扰能力强，可靠性高，距离可达5km，经过扩展后传输距离更远；2芯双绞线可同时传输电源信号、控制信号、音频信号和视频信号，并可实现多通道传输，互不干扰。

（3）所有控制器可随时更换位置，改变功能，改变控制负载对象，而无需更改线缆，并可自动修正设定，运行到最佳状态，节约能源，提高效率。

（4）所有执行器均采用模块化设计，采用标准35mm导轨安装方式，安装体积小，可安装在照明箱中，无需定制特殊箱体，尤其适合于别墅安装空间小的环境。

（5）系统稳定性、兼容性和扩展性强，所有设备均采用相同协议传输信号，任何一个设备均可独立工作运行，出现故障时不影响其他设备，含有丰富的外界通信接口，如RS232、USB、IP接口等，系统可随时通过USB、COM接口和IP接口进行升级，不影响系统的运行。

图3-13　遥控灯光

（6）在控制上，可采用多种控制方式，进行各种调光灯和非调光灯的控制，负载功率强大。可点对点控制、场景控制、遥控、感应控制，以及触摸屏控制中心、远程网络、电话、PDA等多种控制方式，具有区控、组控、总控、定时、延时、条件判断等多种功能，如图3-13所示。

五、工厂照明的智能控制

工厂的照明控制关系到生产成本、生产效益。优秀的照明系统不仅可以提供照明控制，而且还可以最大限度降低用电成本。工厂是用电的大户，节能要着眼细节，照明控制是有效而可行的办法。

（一）工厂照明智能控制的基本要求

工业厂房是生产重地，由于其结构高大、灯具悬挂高、照明空间大、灯具数量多等诸多特点决定了其照明的基本要求。

1.照明方式要合理

照明质量要高，包括显色指数高、光效高，照度分布均匀合理、眩光小等，同时合理选择照明方式，使照明设计做到既经济又适用，能满足各种不同场合的照明需要。

2.合理选用光源和照明灯具

选用使用寿命长、安全可靠、维护简单方便的电光源和照明灯具；光源品种尽可能少，以减少维护工作量、节约运行费；照明灯具要合理布置，有效地发挥灯具的应有作用。要想节能，应优先选用高光效光源，如T5或T8直管节能荧光灯、稀土（三基色）节能荧光灯。

3.选择合理的照明配电网络设计

选择合理的照明配电网络设计，可以保证各种光源的正常工作；提供必要的供电保障，以满足电光源对电压质量的要求；选择合理、方便的控制方式，以便于照明系统的管理和维护。

4.照度的选择

根据工艺段不同，合理地选取照度水平，有效地控制单位面积安装电功率。一般来说生产车间照度值200～300lx，办公用房照度值选取300～500lx。

（二）工厂照明智能控制的目标

1.良好的节能效果

采用照明智能控制系统的主要目的是节约能源，一般可达20%以上。另外荧光灯采用了有源滤波技术的可调光电子镇流器，降低了谐波的含量，提高了功率因数，减少了低压无功损耗。利用智能传感器感应工业厂房内外亮度来自动调节灯光，以保持工业厂房内恒定照度，既能使工业厂房内有最佳照明环境，又能达到节能的效果。根据各工业厂房区域的工作运行情况进行照度设定，并按时进行自动开、关照明，使系统能最大限度地节约能源。

2.延长光源的寿命

照明智能控制系统能成功地抑制电网的浪涌电压，同时还具备了电压限定和轭流滤波等功能，避免过电压和欠电压对光源的损害。采用软启动和软关断技术，避免了冲击电流对光源的损害。通过上述方法，光源的寿命通常可延长2～4倍。

3.改善工作环境，提高工作效率

传统照明系统中，配有传统镇流器的日光灯产生100Hz的频率闪动，这种频闪使工作人员头脑发涨、眼睛疲劳，降低了工作效率。而照明智能控制系统以调光模块控制面板代替传统的平开关控制灯具，可以有效地控制各房间内整体的照度值，从而提高照度均匀性。智能照明系统中的可调光电子镇流器则工作在很高频率（40～70kHz），不仅克服了频闪，而且消除了启动时的亮度不稳定，在为人们提供健康、舒适环境的同时，也提高了工作效率。

4.管理维护方便

照明智能控制系统对照明的控制是以模块式的自动控制为主，手动控制为辅，照明预置场景的参数以数字式存储在E-PROM中，这些信息的设置和更换十分方便，使工业厂房的照明管理和设备维护变得更加简单。

5.实现照明的人性化

由于工业厂房不同的区域对照明质量的要求不同，要求可以调整控制照度，以实现场景控制、定时控制、多点控制等各种控制方案。

6.提高管理水平

照明智能控制系统将普通照明人为的开关控制照明灯具的通断，转变成智能化的管理，不仅使企业的管理者能将其高素质的管理意识运用于照明控制系统中去，以确保照明的质量，而且将大大减少企业的运行维护费用，并带来较大的投资回报。

（三）工厂智能照明控制系统的功能要求

工厂各区域智能照明控制系统的功能要求如表3-6所示。

表3-6 工厂各区域智能照明控制系统的功能要求

序号	区域	功能要求
1	车间	（1）感应控制：安装照度传感器，根据室外光源照度自动开启和调节灯光亮度 （2）时间控制：根据不同的时间设定自动开启或关闭灯具，如上班时间，照明智能控制系统将为车间提供足够的照度；下班时间，系统自动关闭部分灯具，或调暗灯光的亮度，如果有人加班就改为手动控制，避免能源的浪费 （3）多点控制：由于工厂车间面积较大，需要对大区域灯具实现多点控制，以方便人员的日常使用。将区域内的各个照明回路接入控制系统，可以在各个入口处放置控制面板，实现车间大区域的多点控制和集中控制的需求

序号	区域	功能要求
2	仓库	（1）感应控制：安装照度传感器和人体感应器，当有人进入仓库时，照明智能控制系统会根据照度传感器所测室外光源照度，自动把灯光调节到预设的亮度，这样就能有效地避免能源的浪费 （2）安防控制：照明智能控制系统可联动报警系统，在库内安装燃气感应器，当感应到有易燃气体时，自动开启抽气机，必要时启动报警装置；安装人体感应器和烟雾传感器，当非上班时间有人闯入库内或发生火灾时马上启动报警装置，避免不必要的伤害 （3）温湿度控制：在室内安装温湿度传感器，当超过设定的温湿度值时，系统会自动报警，以便工作人员及时处理，避免不必要的损失
3	敞开式办公室	（1）分区控制：由于员工办公面积大，可将整个员工办公区分成若干个独立的照明区域，采用场景控制开关，根据需要开启相应区域的照明 （2）多点控制：由于出入口多，故实现办公区内多点控制，方便使用人员操作；在每个出入口都可以开启和关闭整个办公区的所有的灯，这样可根据需要方便就近控制办公区的灯 （3）时间控制：可以根据时间进行控制，比如平时在晚8点自动关灯，如有人加班，可切换为手机开关灯
4	领导办公室	（1）场景控制：采用多种可调光源，可根据需要，通过系统预设置回路的不同亮暗搭配，产生各种灯光视觉效果，使得办公室始终保持最柔和和优雅的灯光环境（如办公、会客、休闲等多种灯光场景）；使用触摸屏幕或手机控制，操作时只需按动某一个场景按键即可调用所需的灯光场景 （2）窗帘控制：根据不同的场景需求，自动开启或关闭窗帘 （3）温度控制：安装温湿度感应器，系统会根据预设值自动调节空调的温度，让办公室始终保持着最舒适节能的室内温度
5	食堂	（1）感应控制：安装照度传感器，根据室外光源照度自动开启和调节食堂的灯光亮度，避免能源的浪费 （2）时间控制：根据工厂的作息时间，预设好不同时间的灯光场景（如"就餐"场景、"平常"场景、"清扫"场景等），系统将会在不同时间段自动切换场景 （3）手动控制：在饭堂内安装触摸屏幕，以便特殊情况下可设置为手动控制
6	宿舍	（1）感应控制：安装照度传感器，根据室外光源照度自动开启和调节宿舍的灯光亮度，避免能源的浪费 （2）自动控制和手动控制相结合：上班时间，系统会自动集中关闭宿舍灯光，避免上班时间因员工忘记关闭灯光而浪费能源的现象，如有需要，可手动开启灯光
7	自行车棚、停车场	感应控制：安装人体感应器和照度传感器，在亮度不足时，实现人来灯亮、人走延时灯灭的功能

续表

序号	区域	功能要求
8	卫生间、公共楼梯和走廊	（1）感应控制：安装人体感应器和照度传感器，在亮度不足时，实现人来灯亮、人走延时灯灭的功能 （2）手动控制：各出入口处有手动控制面板，可根据需要手动控制灯具的开关
9	广场	（1）场景控制：预设置场景控制以切换不同的场景，如"节日"场景、"演出"场景、"平常"场景等 （2）时间控制：定时关闭部分灯光，如晚上十二点夜深人静时，系统将自动关闭部分灯光

【他山之石】▸▸

某工厂生产车间智能照明设计方案

一、概述

传统厂房照明电路分为众多分路，员工靠自觉自动运行控制各路的开关灯，管理难度大。企业厂矿单位的电力敷设系统中可能存在谐波等电气系统潜在能耗，导致能源的浪费。有些厂矿单位面积很大，很多地方的部分灯具损坏发现不及时，更换灯具不及时，影响正常生产效率。无系统管理平台，很难进行统一管理。

二、控制概述

（一）控制区域

大面积的生产车间和仓库区域。

（二）控制对象

（1）照明灯具。

（2）输入设备。

（3）模块手动开关、智能面板、中控电脑、智能感应开关、调光模块、时钟管理器。

（三）控制类型

本地控制、定时控制、场景控制、远程控制、感应器控制。

（四）控制方式

远程集中控制、现场手动控制、移动感应控制、场景控制、定时控制等。

（五）达到效果

远程控制单灯；群组开关控制；支持场景模式；延时分区启动；电脑远程编辑修改等。

三、生产车间照明控制方案

（一）控制对象

车间照明、仓库照明。

（二）控制方式

定时控制、感应控制、场景控制、电脑控制、消防联动。

（三）反馈方式

反馈每一回路的运行与故障状态。

（四）场景模式控制管理

1.控制面板

由于工厂车间面积较大，需要对同一区域的灯具实现多点控制，以方便人员的日常使用。将区域内各个照明回路接入控制系统，可以在各个入口处放置控制面板，对车间的灯光进行预设置场景，实现车间大区域的多点控制和集中控制的需求，只需要一键式的按钮就可以对灯光实现场景切换。

2.定时控制

时间控制：根据不同的时间设定自动开启或关闭灯具，如上班时间，照明智能控制系统将为车间提供足够的照度；下班时间，系统自动关闭部分灯具，或调暗灯光的亮度，如果有人加班就改为手动控制，避免能源的浪费。

（五）电脑集中控制管理

传统厂房照明电路分为众多分路，各功能单元分布较为分散，如果要在现场进行照明的控制、巡检很困难。通过场景控制面板或本地电脑控制终端，问题将迎刃而解。操作人员通过电脑系统软件看到灯具布置点位图，可对车间内灯具进行开关、编程等逻辑控制，并对灯具进行实时监测，灯光回路信息反馈电脑界面，灯具状态输出。

1.消防联动管理

安防控制：在接收到安防、消防系统的报警后，自动将制定区域照明全部打开。

2.安装智能感应系统

（1）仓库有人时，提供100%的照明亮度。

（2）仓库无人时，照明亮度自动降低到10%。

（3）如果检测不到活动迹象时，将在一定时间内，将光通量降低到设定功率或者完全关闭灯具，亦可根据照度传感器所测车间光源照度，自动开启或关闭灯具。如车间亮度低于光度设定值时，自动开启灯光；车间亮度高于光度设定值时，自动关闭灯光。

六、隧道照明的智能控制

隧道具有缩短公路里程、提高运输效益、利用地下空间节省用地、保持生态环境等优越性,越来越多的高速公路隧道、城市地下通道、过江隧道、湖底隧道等各种形式的隧道投入运行和使用。隧道照明与一般道路照明要求不同,隧道白天也需要照明,而且问题比夜间更加复杂,照明系统是隧道机电工程中最重要的设施之一,也是车辆在隧道内安全通行的基本保证,而合理的照明控制策略以及依此策略的照明调节控制系统是保证照明系统安全可靠、高效节能的重要因素,如图3-14所示。

图3-14　隧道照明

(一)隧道照明控制的方式

隧道照明控制方案的实施,依赖于先进控制技术和控制方式的支撑。隧道照明控制方式在很大程度上体现出隧道运营管理的现代化程度。隧道照明系统配置了照明控制柜或配电箱,能实现现场人工控制和自动控制,并且预留了远程控制模块,提供控制照明设施的继电器接点,将照明区域控制单元直接与照明控制柜或配电箱的继电器接点相连,以实现对照明设施的远程控制。隧道照明控制方式有以下3种。

1.人工控制方式

人工控制是指隧道管理人员根据洞外亮度(S)、交通量等参数,人工选择控制方案。具体地说,就是根据洞外亮度、交通量、平均车速及天气条件等因素的变化,由公路隧道管理人员手动控制照明回路的开关或无级调控照明亮度,其可细分为远程人工控制方式和本地人工控制方式。本地人工控制方式早期多用于长度较短、运营管理设备较简单的公路隧道。

2.自动控制方式

自动控制方式是指照明控制系统根据实时采集的洞外亮度、交通量等参数,自动调控照明亮度。

目前,隧道照明的自动控制是利用光亮度检测仪、车辆检测器等设备采集的相关照明控制参数,由电子设备直接控制照明回路的开关或无级调控照明亮度,无需人工参与控制过程,其可细分为远程自动控制方式和本地自动控制方式。在自动控制方式下,隧道照明控制系统根据实时采集的洞外亮度(S)、交通量、平均车速等照明控制参数,自动调控隧道内照明亮度;隧道管理人员也可根据实际运营管理情况,由自动控制方式切换到人工控制方式，改为手动操作。一些国家早在20世纪80年代就已经开始采用这种控制方式，我国目前多数公路隧道也都采用了自动控制为主、人工控制为辅的照明控制方式。

3.智能控制方式

这是在自动控制方式的基础上，采用短时交通流预测理论，应用人工智能、专家系统、模糊控制、神经网络、遗传算法等智能控制技术，按公路隧道照明亮度递减适应曲线进行动态调光控制，以达到安全、舒适、高效、经济的照明效果。该方式重点突出节能控制的特点，体现绿色照明要求，追求"按需照明"的理想设计目标。随着工业自动化水平的提高和照明光源的发展及照明灯具的改善，智能控制方式将会得到更为广泛的应用。

上述照明控制方式中，人工控制方式的优先级最高，自动控制方式优先级低于人工控制方式。照明控制宜采用以智能控制或自动控制为主、人工控制为辅的控制方式。

（二）隧道照明控制系统的种类

目前，隧道照明控制系统主要包括以下3种。

1.集中式控制系统

集中式控制系统（Centralized Control System，CCS）是最常见的一种控制方式，即由中央计算机管理整个照明系统，作为系统的集中处理单元。集中式控制系统的优势在于可以充分发挥管理决策的集中性；缺点在于一旦中心计算机出现故障，整个照明系统将全部瘫痪，容易酿成隧道交通事故。由于短隧道控制点数较少，配以全套的控制设施成本较高，故可由中央控制室对照明设施进行控制与管理，以减少投资。

2.分布式控制系统

分布式控制系统（Distributed Control System，DCS）的特点是以分散的控制适应分散的控制对象——隧道照明设施，以集中的监视和操作达到掌握全局的目的，具有较高的稳定性、可靠性和可扩展性。分布式控制系统的优势在于各控制部分相对独立，某部分出现故障并不影响其他部分，系统仍然可以运行。这种控制系统具有分散控制、集中操作、分级管理、配置灵活、组态方便的特点。

3.现场总线控制系统

现场总线控制系统（Fieldbus Control System，FCS）是分布式控制系统向全数字化发展的结果。现场总线是安装在制造或过程区域的现场装置与控制室内的自动控制装置之间的数字式、串行、多点通信的数据总线。与DCS不同的是，这些现场装置输出（或输入）的信号是数字信号而非传统的模拟信号。现场总线控制技术以数字信号取代模拟信号，大量现场检测与控制信息就地采集、处理、使用，许多控制功能从控制室移至现场设备，这样不但使系统集成大为简化、维护变得十分简便，而且使系统的可靠性进一步得到提高。

（三）隧道照明常用设备

1.LED 隧道灯

（1）光效高、优质高亮度 LED 光源。

（2）配光科学合理，满足隧道各个路段的照明均匀度和防眩光要求。

（3）光源模块化设计，每一模块可单独安装拆卸，维护方便快捷，降低了一系列费用。

（4）系列产品种类丰富，可满足隧道的引入段、过渡段、基本段和出口段四个区段照明要求。

2.无极灯隧道灯

无极灯也称无电极灯、感应灯，是一种没有电极和灯丝的照明设备，它通过灯管外的磁环产生电磁波激发灯管内的物质工作。如低压气体无极灯内充填的是汞蒸气和稀有气体的混合气体，汞原子被电离、激发后释放出紫外线照射到灯管壁的荧光物质上，荧光物质发出可见光。虽然也填充了汞，但其固汞含量要低于荧光灯。其工作频率通常达到数百万赫兹，远高于普通的白炽灯和节能灯。由于省去了灯丝和电极，可以制成环形、螺旋形或管状等各种形状。其工作寿命可达近 10 万小时，工作效率也很高。

3.钠灯隧道灯

钠灯是指以金属钠蒸气为工作物质的照明装置。钠灯的灯管内也会充填汞和稀有气体，但实际上起作用的是钠蒸气。钠被电离、激发后会发射出 589.0nm 的黄色光线，这些光线直接用于照明，而不是像荧光灯那样激发荧光物质发出白色的可见光。

低压钠灯：工作时其电弧管内的蒸气压为 0.7～1.5Pa，光近乎单色，集中在 589.0nm 和 589.6nm，对人眼较敏感的黄光区域，所以发光频率高，但显色性差，一般用于不需分辨颜色的场合，特别是街道照明。

高压钠灯：提高钠的蒸气压，并加入少量汞，光线的谱线更宽，所以显色性比低压钠灯好，色温为 2100K，光效为 72～130Pa·lx/W，是道路照明的主要光源，也用于舞台等场合的照明。

（四）隧道 LED 照明亮度智能无级控制

公路隧道普遍存在过度照明、电能浪费巨大的现象，过度照明能耗高达 50%～90%。

随着LED照明的发展，明亮度智能无级控制已成为现实。

目前隧道照明的能耗有70%左右是浪费在过度照明上，因此，隧道照明节能，首先必须从减少过度照明着手。若要减少过度照明，就要求照明灯具的功率能够根据需要进行调控。那种用单纯减小灯具设计功率以减少过度照明的方法是不可取的。因为这种方法会使照明系统运营一段时间后亮度就会低于规范要求。到那时，除非增加灯具数量，否则就只有采用降低行车速度或频繁更换光源的方法来解决了。调整照明强度有两种方式，一是采用多回路进行分级调光，通常最多只分到6级，即白天4级、夜晚2级，这种简单分级方式依旧存在较为严重的过度照明。二是采用无级调光，这种方式只需要两个回路，即基本照明回路和加强照明回路。这种无级调光方式是基于LED光源基础上实现的，它可使灯具亮度根据需要任意调整，隧道内需要多亮，照明灯具就提供多大的亮度，在满足规范的前提下避免了过度照明，最大限度地节约了电能。

1.控制方式

（1）基本照明控制。隧道内基本照明的特点是工作时间长，需要24小时持续照明。根据这一特点，在设计基本照明亮度时考虑了足够的冗余量，但在使用时，我们并不需要将设计冗余全部用上，即满功率工作，而是需要多少功率就提供多少功率。在未来若干年内，当灯具出现一定的光衰时，可通过控制系统相应增加灯具的输出功率，使隧道内的基本照明强度始终都能满足规范要求而又不会产生过度照明。

（2）加强照明控制。隧道加强照明灯具早晨开启和晚上关断的时间以及灯具开启后的亮度调节均由控制装置进行控制。控制系统根据检测到的洞外亮度数据，经计算后去控制洞内灯具的输出功率。这种自动跟踪洞外亮度，调节洞内亮度的照明方式，有效避免了过度照明，实现了按需照明的目标，最大限度地节约了电能。

（3）应急照明控制。隧道的应急照明灯具又兼做基本照明灯具，均由EPS电源供电。当市电断电时，控制装置瞬间将基本照明灯具的功率同步控制到额定功率的15%左右，这使得系统在市电断电情况下应急照明的配光特性与原先的基本照明相同，最大限度地避免了交通事故的发生。

2.LED调光控制的优越性

隧道采用LED照明亮度智能无级控制系统后，节能只是其优越性的一个方面。由于节能，它的工作温度绝大部分时间都处在一个较低的水平，而工作温度的降低，又会衍生出其他的效益。

（1）亮度无级控制，比分级控制的同类灯具更节能40%，比钠灯照明节能70%～90%。

（2）由于一年中只有夏天的中午，加强照明灯具才接近满功率工作，大多数时间均在10%～60%的功率下工作，而基本照明的设计冗余留到远期再用，近期的工作功率也低于灯具的额定功率，这使得灯具和电源的长期工作温度非常低，不仅可大幅减小LED的光衰，还延长了LED和电源的寿命。

（3）下半夜功率可同步减半，灯具配光特性保持不变，避免了单侧关灯所产生的危及行车安全的斑马效应。

（4）系统设计简单，只需2个回路，即一个基本照明回路和一个加强照明回路。基本照明又兼应急照明，当市电断电时，所有基本照明的功率均降至额定功率的10%～15%，从而确保了照度的均匀性。

（5）当隧道未达到设计车流量时，可依据规范对洞内照明强度进行相应折减，折减量可根据需要任意设定，以确保在满足规范的前提下最大限度地节约电能，避免过度照明，使系统真正实现了设计师们追求的按需照明的设计理念。

（6）与分级调光系统相比，该系统可节约相当数量的电缆、控制箱及相应电气工程的费用。

（五）隧道照明智能控制系统

相比于传统的隧道照明方式，LED隧道灯配置隧道照明智能控制系统具有智能调光控制技术且大大降低了隧道照明运行成本和管理成本，实现了隧道照明节能减排的战略目标。隧道照明智能控制系统，通过集成高效的LED灯具，使用先进的通信技术，通过探测器感知洞外的色温和亮度，调节洞内照明色温和亮度，为驾驶者提供从入口到出口全路段更加安全舒适的照明需求，降低运营维护成本。隧道照明智能控制系统是一个可以有多种组合的模组化互联的照明系统，可以是单灯、集中控制，也可以时间控制，或者配合多种感应器一起自动控制，同时它也是一个开放系统，可以和隧道管理系统集成实现远程监控。

隧道照明智能控制系统应具有表3-7所示功能特点。

表 3-7　隧道照明智能控制系统的功能特点

序号	功能	具体说明
1	多种组合控制模式	手动模式、自动模式（时控任务）、情景模式（时段+光控+车流量+车速）等，可以满足任何情况按需求自动开启和调节灯具亮度
2	独立、集中控制	可以通过远程、实时、预设等模式控制各段中任何一盏单灯或一组灯的开启、关闭、调光及用电量和灯具状态查询等多种功能
3	自动报警	灯具在工作过程中出现故障，控制终端可以将灯具故障码通过上位机、预设短信号码、预设邮箱地址上报给用户，并且可以提供灯具故障的原因、灯具在隧道内的具体地址等

续表

序号	功能	具体说明
4	动态照明	根据采集洞内外的光照度及车流量、车速等数据，制定高效照明方案，有效解决隧道常见的白洞和黑洞效应，节约电能，同时通过灯具轮休，还有效延长灯具使用寿命
5	能耗统计	通过采集用电量形成报表和智能用电量分析，可以知道任何时段的用电情况，专家分析系统可以提供按年、按季度、按月、按日分析能耗情况，可针对不同的区域或不同的线路进行能耗对比

【他山之石】▸▸

某企业隧道智慧照明解决方案

某科技隧道智慧照明管理系统集照明节能（节电率高达45%～50%）、LED无极调光、监控（单灯—四遥）、防盗、远程监控、远程智能控制管理于一体，如隧道内的照明可以根据天气、车流量、车速的变化进行自动调节，极大降低隧道照明能耗，提升隧道照明管理性能，极大提升城市路灯管理水平与效率，最大化实现节能目标。

一、系统管理功能

系统管理功能如下表所示。

系统管理功能

序号	功能	说明
1	远程控制与管理	通过因特网、物联网实现隧道照明系统的远程智能监控与管理；通过灯联网系列控制器实现隧道照明的智能控制与管理
2	隧道车流量检测	系统实时检测隧道车流量，自动调节照明亮度，降低照明能耗
3	隧道分段亮度调节	出口段、入口段、隧道内过渡段、隧道内部等，分段设置，自动进行分段照明控制
4	多种控制方式	监控中心远程手动或自动、本机手动或自动、外部强制控制等五种控制方式，系统管理维护更加方便
5	数据采集与检测	隧道灯具及设备的电流、电压、功率等数据检测，终端在线、离线、故障状态监测，实现系统故障智能分析
6	多功能实时报警	灯具故障、终端故障、线缆故障、断电、断路、短路、异常开箱、线缆或设备状态异常等系统异常实时报警
7	综合管理功能	数据报表、运行数据分析、可视化数据、景观设备资产管理等完善的综合管理功能，管理运维更加智能化

二、智慧隧道照明管理平台

　　该科技公司部署智慧隧道照明管理平台，通过平台对隧道灯进行管理，通过信息化平台收集、定位隧道灯故障信息，收集和分析各隧道灯相关各类设备的运行数据，为隧道灯的相关管理部门提供决策支持，从而对隧道灯进行实时、高效的调控。制定相关节能策略，实现隧道灯的高效二次节能。通过对不同阶段设定不同定时开关灯和调光策略，实现真正的按需照明，将电能浪费降到最小，达到30%～40%的二次节能效果。如下图所示。

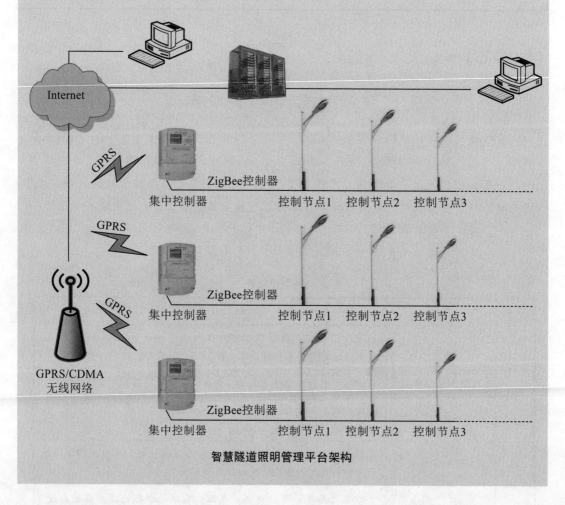

智慧隧道照明管理平台架构

七、桥梁照明的智能控制

　　桥梁作为城市交通基础设施之一，为桥梁提供照明不仅方便车辆行人通行，也为城市带来一道靓丽的景观。桥梁照明管理存在管理手段落后、管理效率低下、管理成本高等问题。

（一）传统的桥梁照明控制方式的弊端

（1）传统的桥梁照明控制采用光照度控制或微电脑定时器控制，设备长时间运行后会出现开关灯的时间不准确、时间不统一的现象，会影响到桥梁的行车安全。

（2）传统桥梁照明没有实时监控手段，缺少故障报警功能，一旦照明系统发生故障，无法及时处理，严重影响行车安全。

（3）桥梁照明作为城市夜景的一部分，需要有不同的灯光效果，并自动切换。传统的桥梁照明控制仅提供简单的时控功能，无法满足要求。

（4）传统桥梁照明采用安装不同功率的灯具或采用不同的间隔过渡，但不能适应白天与夜晚变化、天气突变、车流量的变化以及突发事件应急照明并及时调整到合适的亮度，造成电能浪费，也存在不安全因素。

（二）智慧桥梁照明的方案

智慧桥梁照明就是利用ZigBee等协议连接桥梁上的路灯、景观灯、防护栏灯和相关设备，实现桥梁照明伴随光照强度、时间等维度的自动控制，同时灯具、设备的状态、故障等数据上传至云平台，形成远程实时监测和智能管控的桥梁照明管理，如图3-15所示。

图3-15　智慧桥梁照明

1.桥梁照明设计

桥梁照明设计应满足如图3-16所示的四大特性。

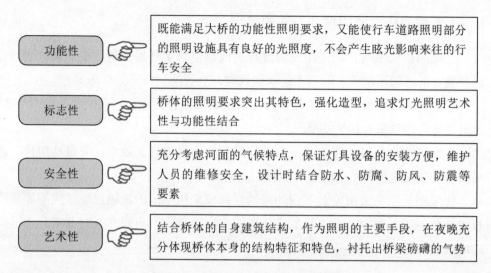

图3-16 桥梁照明设计应满足的特性

功能性	既能满足大桥的功能性照明要求，又能使行车道路照明部分的照明设施具有良好的光照度，不会产生眩光影响来往的行车安全
标志性	桥体的照明要求突出其特色，强化造型，追求灯光照明艺术性与功能性结合
安全性	充分考虑河面的气候特点，保证灯具设备的安装方便，维护人员的维修安全，设计时结合防水、防腐、防风、防震等要素
艺术性	结合桥体的自身建筑结构，作为照明的主要手段，在夜晚充分体现桥体本身的结构特征和特色，衬托出桥梁磅礴的气势

同时，桥梁夜景照明设计应与周边环境和历史背景相协调，充分体现桥梁特色和结构，突出重点，使之打造成为城市的标志性夜景景观。以构建整体项目夜景为原则，充分考虑多层片区呼应关系，形成整体协调、主次分明的效果。以行人的视角去感受夜景灯光，营造独特的项目夜景文化，同时适当增加多彩和亮点，营造夜间视觉焦点，营造良好的夜景环境。在夜晚的城市，随着河水尽情流淌，展现它的风姿绰约、绚烂迷人的文化，整体提升城市夜景形象，使桥梁夜景景观照明成为城市新的亮点，使之成为最耐看、最值得回味的夜景景观。

2.智慧桥梁照明应实现的功能

智慧桥梁照明解决方案，通过照明灯、景观灯等硬件设备和云端软件系统结合后，应实现如图3-17所示的功能。

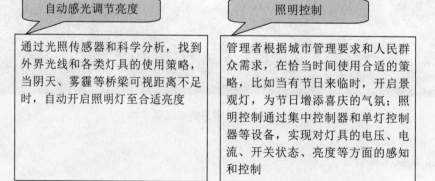

图3-17 智慧桥梁照明应实现的功能

3.智慧桥梁照明系统架构

设计者应综合考虑桥梁的实际情况和各方需求后设定方案架构，通常整体由下至上分别为四层：基础设备层、网络传输层、云端平台层、应用决策层，如图3-18所示。

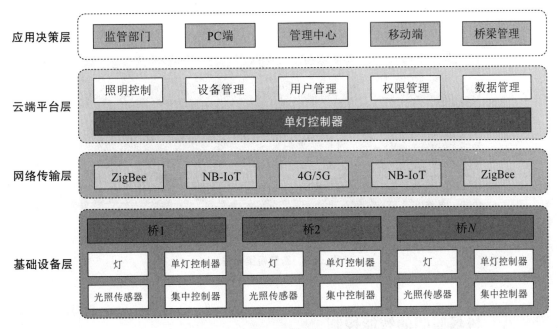

图3-18　智慧桥梁照明系统架构图

1.基础设备层

本层为系统提供感知和控制功能，主要由路灯、光照传感器、单灯控制器、集中控制器等设备组成。管理者通过这些传感器和控制器，可全面实时掌握桥梁照明状态和设备数据，并且根据实际情况和管理需求设定自动运行程序或者远程控制设备进行作业。

2.网络传输层

根据桥梁照明设备现场的实际环境情况和规划要求，可选择使用ZigBee、NB-IoT、4G/5G等多网络覆盖形式，组成互联互通的物联网络，并最终通过互联网与云端服务器进行桥梁照明数据和控制命令的交互。

3.云端平台层

在起到承上启下作用的云端平台层，软件系统将基础设备层的数据与应用决策层的控制命令数据进行实时的整合和转发，最终实现基础设备层到应用决策层的实时交互。

4.应用决策层

基于基础设备层的数据收集和云端平台层传输处理，管理者通过显示端（手机、平板、电脑、管理平台等）查看系统数据，总负责人结合管理需求和实际情况，做出总的决策，其他不同权限人员根据决策和自身角色，完成对应部分的工作。比如管理人员接收到系统通知，发现某个桥梁的路灯设备异常，管理人员可以通过系统下发维修工单给相关人员进行维修。

智慧桥梁夜景如图3-19所示。

图3-19　智慧桥梁夜景

八、机场照明的智能控制

机场候机楼应用功能多样复杂，属于一类综合建筑，其中设计的照明系统则为候机楼重要组成之一，同普通建筑照明系统相比具有更高标准的设计管控要求。机场候机楼通常具有较大的占地面积，其公共照明系统则种类多样，不仅包括工作区域一般照明，同时还包括丰富的装饰、广告以及相关标识照明，夜间还需营造空间美观照明效果。因此系统之中需要应用较多灯具且分布面积较广，倘若通过人工方式调节控制照明系统开关，则无法体现经济合理性，且几乎无法操作，更谈不上合理节能，因而做好智能节能管理与规划设计尤为重要。

（一）机场照明智能控制的目标

1.效率提升

（1）实时信息反馈。出现报警信息时，如灯源无故熄灭、灯源模组温度过高等，智慧照明管理平台将出现报警信息，相关工作人员将收到短信提醒。

（2）及时排除险情。收到报警信息后，工作人员可通过PC端、手机端软件平台迅速定位故障灯杆位置，及时前往修复，排除安全隐患，保证机场安全运行。

（3）安全监控。模组温度监测、灯杆倾斜监测、灯杆漏电监测。

2.按需照明

（1）航班联动。机场照明与机场航班信息联动，根据航班信息自动调节开关灯、照明时长、亮度等参数，如客机抵达机场开灯或提高亮度，客机离开时关灯或降低亮度，避免能源浪费。

（2）情景模式。机场照明与天气环境信息联动，若出现大雨、大雾等极端天气情况，根据恶劣程度，自动调节开关灯、照明时长、亮度等参数，如遇雾霾天气自动增加亮度等，保证机场通行安全。

（3）自适应调节。照明时长自适应：根据白天黑夜时长，自动调节开关灯时间及照明时长。照明亮度、色温自适应：根据日照亮度，自动调节灯源亮度、色温，杜绝能源浪费。

（二）机场候机楼智能照明策略

1.完善灯具与光源的良好选择

机场候机楼智能照明系统光源选择阶段中，应做好光源性能、经济合理性的科学比选，依据节能高效、应用长效的原则进行选择。同时应依据机场环境对于光源的具体色温及显色标准要求做好取舍。对于候机楼大空间区域可应用性能优越的金属卤化物光源进行主体照明，引入节能灯设计直接照明系统，同时将荧光灯带设计为间接照明应用光源。对于办公区域则可应用荧光灯进行照明设计。行李机房可应用70W金属卤化物灯满足照明需求。该类高效光源同先进配光优质灯具的统筹结合应用，可有效节约候机楼照明系统运行服务固有成本，提升应用效益。

2.应用智能照明节能技术做好科学管控

机场候机楼整体照明体系消耗电力能源总量庞大，仅仅依靠各个场所区域照明功率相应密度值的管控，以及引入性能水平优越的灯具照明以及节能光源往往还不够，无法实现良好节能目标。因此可基于智能思想设计规划照明控制体系，应依据室外环境状况、光亮变化以及设置系统参数，做好照明系统开启时段、光源数量、光照亮度的自动调控设计，进而令照明系统符合预设照明效果，满足场景应用需求。具体涵盖机场候机楼建筑设备管控体系照明管控、智能化专用照明管控体系与各类由程控、光度控制、具体时间控制等方式形成的体现智能识别、分析以及记忆优质功能的节能照明体系等。

机场候机楼智能照明节能管控体系应借助日常设计程序做好各个场所照明回路启动与停止的管控，可利用智能化独立照明管控体系做好节能管控与运行，令其成为楼控管理子系统。同时应做好智能照明体系的分控站点设置，并配设相关的服务器，做好管控区域整体照明回路的全面监控。总控中心应布设照明体系管理总站，全面负责整体候机楼的照明系统管理。总站控制借助光缆进行网络系统连接，管理人员则可在控制中心借助可视化工具软件全面了解照明系统回路运行控制状况，当系统故障时则可借助传输技术将警报传至管理人员，保证整体照明体系的健康持续运行，并全面快速了解各个控制工作区域具体照明状况。还应使用分控站做好相应区域照明系统的严格管控。

3.优化设计并全面构建智能控制系统

机场候机楼设计规划智能照明管控体系阶段中，应符合机场日常运营与特殊照明需求，还应全面兼顾候机楼环境的良好舒适，可应用现代化电流检测装置模块做好末端照明的有效管控，并引入国内外先进网络体系架构、节能管理监督技术保持照明系统的先进性。在提升照明系统成熟性的基础上还应兼顾整体安全性，设计规划应全面考量系统应用的后续扩展。应基于系统总线整体结构特征，做好设计接口余量的有效充足预留。为提升照明系统可靠性，规划设计系统模块阶段中，应引入必要的系统故障手动启停功能，还应借助他类网络通路全面创建完整体系，进而形成整体智能照明系统的优质经济效益。

机场候机楼之中的主楼空间、通道长廊与连廊位置照明应做好大空间、通道、公共区域、装饰照明以及标识照明系统的科学设计。基于各个区域应用功能需求与管控策略的不同，智能照明体系应做好相应场景布设，进而实现合理适宜的功能区域节能照明管控。

构建设计机场候机楼智能照明节能管控体系阶段中，应全面考量系统构成，做好驱动装置、控制面板、服务器以及辅助元件的科学设计。应依据照明系统管控区域特征，不同照明时间、环境、照明用途功能，科学做好光照度调控、时间调节，引入智能自动化控制手段，借助数字化技术、模块化设计，引入分布总线控制体系，令控制功能引入至功能模块之中，提升整体照明系统安全性。照明智能系统中央处理器以及各个模块应借助网络总线完成直接通信，进而实现有效灵活的全面管控。

4.应依据候机楼整体平面布局做好照明管控区域的科学划分与线路设置

基于机场照明管控体系工作区域庞大，涉及较多传感驱动装置与管控模块，因此应构建完整照明体系，确保实现完全形式的分布集散管控，完成集中管理、分区调节控制以及分级调节任务。各个区域管理监控信息可首先经过IG/S1.1网关位于弱电间之中同临近以太网进行相连，而后可连接至照明管理监督服务器总站以及楼控体系服务器装置中。同时在设计阶段中应全面考量照明体系长期扩展与良好冗余性，令一条支线不必全面连接各类驱动器、模板以及传感装置，应令其包含一定余量。支线长度应做好调控，对于超过1km的支线，可应用光纤以及中继器方式进行连接设计。

九、商业综合体照明的智能控制

商业综合体通常是大型建筑，仅仅是建筑空间内部的灯具数量就很庞大，灯光控制区域零散而广大，单靠人力去管理，不仅效率低下，也容易造成能源和资源的浪费。如果能统筹所有照明功能设备，进行集中统一管理，同时实现自动化，那么效率势必可以大大提高。

（一）商业广场外部景观及外立面

商业广场外部景观及外立面，建议采用智能调光灯光控制系统。夜景效果作为商业广场的重点展示效果，需要实现不同时段的场景模式，以及各种庆典、节日、不同季节等的特殊照明效果，而实现如此复杂的灯光控制，需要采用智能灯光控制系统，通过网络系统将分布在各现场的控制器连接起来，共同完成集中管理。另外部分灯具还需具备调光、分段点亮、DMX512控制等功能，方能实现绚丽多彩的灯光效果，使商业广场成为城市夜景的一道美丽的风景。

（二）购物中心、办公楼室内前场面客区域

购物中心、办公楼室内前场面客区域，建议采用智能灯光控制系统或BA集中控制系统。该区域包含大厅、走道、公共卫生间等，需要根据不同时间段、人流量、节日需要，实现不同的照度需求。而且区域面积较大，配电较为分散，采用智能灯光控制系统，实现集中控制，后期管理人员可在控制室内实现一键集中点亮、熄灭、场景切换等功能，大量节省后期管理成本。

（三）酒店室内前场面客区域

酒店室内前场面客区域，建议采用智能调光灯光控制系统。在酒店室内采用购物中心那种大面积的一键点亮、熄灭控制方式自然无法满足酒店24小时均存在客人进出的特殊要求。因此要实现酒店在不同时段、不同活动中对灯光效果和氛围的不同要求，且还要保证节能的前提下，建议采用智能调光灯光控制系统。通过开关模块调整点亮回路和调光模块调整灯光亮度，提前设置欢迎、休闲、深夜等场景模式，通过灯控面板或系统的时间控制功能，随时切换不同灯光场景，给客人营造优雅舒适的灯光环境的同时实现节能要求。

（四）商业广场后场非面客区域

商业广场后场非面客区域，建议采用时间控制器或红外感应开关控制灯具。商业广

场后场区域较大且零散，而且存在活动人员较少的区域，比如楼梯间。该区域需求简单，场景较为单一，因此在后场区域可以采用时间控制器，楼梯间内采用红外感应开关，在满足使用需求的前提下，大量节省前期投资成本。

（五）地下停车场

地下停车场可以采用时间控制器控制灯具。各商业综合体停车场范围较大，建议将车道和车位处分开回路供电，并将车道均分3～4个回路供电，根据不同时段，实现不同照度。

十、体育场馆照明的智能控制

现代化大型综合体育场馆的功能不仅要能满足各类大型比赛和文艺表演，而且还可承担不同的大型展览、集会；馆内分为主赛场和一般赛场，通常都包含羽毛球馆、乒乓球馆、网球场、篮球场等场馆及配套功能区。

照明是体育场馆功能得以充分体现的重要环节之一，其中体育场馆照明的重点是运动场照明，亦即比赛照明，其次是一般照明、观众席照明、应急照明、场地照明、建筑立面照明以及道路照明。

（一）体育场馆照明的要求

体育场馆分体育场和体育馆，体育场一般指露天的体育运动场所，体育馆一般指室内的运动场所，说到体育场和体育馆的区别，很多人的第一反应是一个是室外的，受风吹雨淋日晒，一个是室内的，可以遮风挡雨，还能防日晒，享受空调，当然，体育场的自然风也不错。其实，体育场和体育馆在体育照明上也有区别。

体育场在白天的时候，很少用到人工照明，基本上采用自然光就够了，不过在阴天的时候，可能光线不足，需要人工照明进行补光，这个时候，就需要考虑节能了，具体开几盏灯，这很考验技术。还有黄昏的时候，为了球场灯光与日光有较好地匹配，一般要求球场灯具光源的色温4000K或稍微高一点。

体育馆照明，可分为两种，一种是利用自然光的，一种是基本隔绝自然光的。利用自然光的体育馆，在体育中心比较常见，这种体育馆一般都比较高大、宽阔，窗户比较多，或者顶棚是半透明，自然光比较容易进来，又能防止阳光直射，影响体育运动。白天的时候，一般的训练和比赛或文体活动，可以不用开球场灯具，专业的比赛，只需开一部分灯具即可。

基本上不采用自然光的体育馆，比较常见的就是对外经营的羽毛球馆，这些羽毛球馆的窗口装得比较低，进来的自然光线很少，高空中基本没有自然光，所以就算是太阳猛烈的白天，这些羽毛球馆也要开灯。

体育馆照明要求基本上会比体育场照明要求高，如有电视转播时场地平均水平照度与平均垂直照度的比值宜为：体育场0.75～1.80；体育馆1.0～2.0。又如，同为眩光等级4，体育馆眩光指数（GR）为35～40之间，而体育场眩光指数（GR）为60～70之间。

体育照明除了对眩光值、显色指数、色温、频闪等有要求外，对灯具的操控方式也有相应的要求，基于节能省电的基本要求，场馆方需要能够灵活控制灯具的方法，按需分配体育场馆照明。

体育场馆照明要求除了运动场地外，还对观众席照明和应急照明做了要求。观众席照明的目的除一般地满足看清座位的需要外，更重要的是为了满足电视转播摄像要求，包括对一些重要官员和著名人物的特写和慢镜头回放。其中观众席前12排和主席台面向场地方向的平均垂直照度不应低于比赛场地主摄像机方向平均垂直照度的10%。主席台面的平均水平照度值不宜低于200lx，观众席的最小水平照度值不宜低于50lx。

体育场馆的特点往往是建筑体量比较大，可容纳数千人甚至数万人，人多密度大，保证大批人群安全出入体育场馆极其重要，特别是在发生紧急情况下，体育馆应急照明就更必不可少。

（二）体育场馆智能照明的基本控制方式

体育场馆智能照明的基本控制方式如图3-20所示。

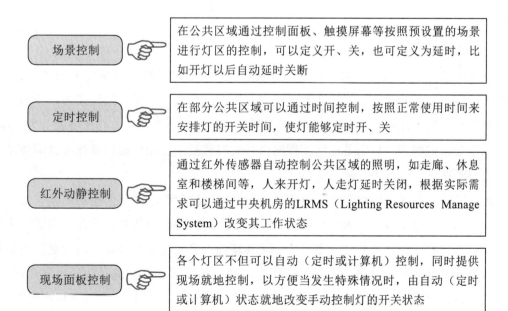

图3-20

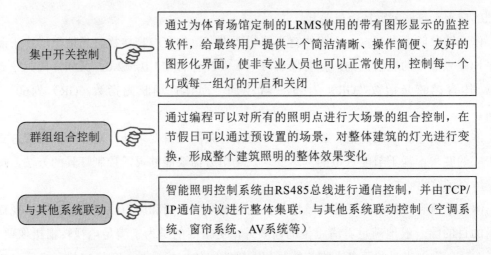

图3-20　体育场馆智能照明的基本控制方式

（三）体育场馆各区域控制功能及要求

体育场馆按照不同照明方式可以进行不同的分类。按建筑区域可分为主赛场地照明、一般场地照明、配套功能区照明等；按功能需求可分为场地照明、一般照明、观众席照明、应急照明、建筑立面照明及道路照明系统等；按比赛项目和级别标准可分为比赛时照明、训练时照明、电视直播照明、平时照明等。

无论从哪个角度来看，这些场合照明的标准照度值、使用功能和控制方式都不尽相同。

1.体育场馆主赛场地

体育场馆主赛场地照明的控制是一项功能性强、技术性高、难度较大的控制系统。要最大限度满足各种体育项目比赛要求，有利于运动员技术水平的最佳发挥，有利于裁判员的正确评判，有利于观众能在舒适的环境中全方位地观看比赛并与比赛融合为一体，享受比赛带来的激情。特别是在比赛期间进行实时转播中要能保证转播图像画面传送清晰、色彩逼真。

要保持整个赛区照明的照度、照明的质量稳定，这就要求照明的垂直照度、均匀照度、立体感、显色指数、光源的色温达到一定的标准。综合型体育馆的照明要适合多类运动项目的比赛、训练及其他使用要求。比赛场地很多情况下不只是一块而是两三块场地同时进行，而且在同一场地进行同一比赛对亮灯的模式在不同的时间段也不尽相同，如观众进场、开幕、比赛准备、正式比赛、场间休息、结束散场等。对各场景的控制，若用传统的灯控模式已经较难准确地表现各比赛场景的要求，如何对场地用灯状态进行实时监控、集中定时控制，这也是用传统控制设备难以实现的。

主赛场地是体育场馆的主体部分，照明智能控制系统宜为主赛场地预设置8种不同的照明控制模式，如全开模式、全关模式、电视转播模式、观众席照明模式、应急照明模式等。

2.体育馆一般赛场地

其他场馆主要作为一般比赛时所用，根据比赛时的不同项目和级别，采用智能控制系统预设置的基本控制模式为：比赛模式、电视转播模式、训练模式、观众入退场、清洁模式、应急照明模式。

同时，由于比赛场地照明控制考虑其特殊性，在其控制策略中还加入了以下功能。

（1）为减少整个回路的启动电流，在每种模式下需启动的每盏灯具或每组灯具按顺序启动。

（2）其他控制系统根据需要可通过智能手机或平板（iPad、iPhone）进行远程控制。

（3）通过中央机房的LRMS统计记录所控制的每盏或每组灯具光源的使用时间，预计光源的使用寿命，并提前报告需要更换的即将到使用寿命期的光源。

（4）通过安装在室外的照度传感器，可根据室外太阳光的强弱，自动调节入口接待处的灯光，充分利用自然光来节约能源，同时也给宾客提供了更加自然的环境。

3.办公区域

办公区域的照明智能控制要求如表3-8所示。

表 3-8 办公区域的照明智能控制要求

序号	场景	景观照明的要求
1	办公区	（1）由于办公区面积大，可以将整个办公区分成若干独立明照区域，采用场景控制面板根据需要开启相应区域的照明。由于出入口多，故要实现办公室内多点控制，方便使用人员操作，即在每个出入口都可以开启和关闭整个办公区内所有的灯，也可根据需要方便地就近控制办公区的灯，同时可以根据时间进行控制，比如平时在晚上8时自动关灯，如有人加班时，可切换为手动控制开关灯，这样不仅方便使用人员操作，而且减少了电能的浪费，保护了灯具，延长灯具的使用寿命。同时根据需要加入窗帘控制系统，并与灯光系统进行联动，当室外光线较强可放下窗帘，室外光线较弱可收起窗帘 （2）办公区照明可统一纳入中央机房的LRMS上进行监控
2	走廊	（1）走廊的照明最能体现智能照明的节能特点，应采用红外传感器控制，人来开灯，人走灯延时关闭。智能照明系统还可以设置2选1、3选1场景，根据现场情况自由切换，也可以设置时间控制，在白天的时候，室外日光充足，只需要开启2选1、3选1场景模式，在傍晚的时候，室外日光逐渐降低，走廊灯应该全部打开，下班后，自动延时关灯，如有人加班，可切换为手动开关灯，这样最大限度地节约了能源 （2）各出入口处有手动控制开关，可根据需要手动控制就近灯具的开关

序号	场景	景观照明的要求
3	多功能厅	多功能厅采用就地控制，同时可以提供智能调光控制，实现场景的淡出淡入、光线渐明渐暗的变化，既可实现对灯的开关、自动调光，又可实现场景控制、集中控制及定时控制，还可以配合其他的多媒体系统（TV、音响灯），进行单键操作，实现照明与相应功能的组合环境场景控制
4	贵宾室	贵宾室提供调光控制、就地控制。就地控制包括场景控制、调光控制等方式。对于重要的贵宾室或包厢采用智能手机或平板（iPad、iPhone）控制场景，采用照明智能控制系统，做到整个房间灯光的渐明渐暗和场景灯光的淡出淡入，提高整个房间的档次。同时，照明智能控制系统可以配合其他多媒体系统，进行单键操作，实现灯光与相应功能的组合环境场景控制

4.配套功能区照明控制

配套功能区照明控制要求如表3-9所示。

表3-9 配套功能区照明控制要求

序号	场景	景观照明的要求
1	停车场及入口	在车库入口管理处内安装智能照明系统控制面板，用于车库照明的手动控制，平时在系统中央控制主机的作用下，车库照明处于自动控制状态。车库照明根据使用情况分为以下几种状态：正式比赛、训练时期及其他时间。夜间正式比赛活动时，车辆进出繁忙，车库照明处于全开状态。白天，采用光感传感器检测室外的照明亮度，智能控制系统就可根据室外光线的强弱调整室内光线，从而避免了能源的浪费。不比赛时只开启部分车道灯，采用红外传感器，当有车进入时就开启所需的照明灯；车停好后或人、车离开后灯延时关闭。当有车移动时可以通过主机显示出来，方便保安和管理人员管理。根据实际照明及车辆的使用情况，可将一天的照明分成几个时段，比如上午、中午、下午、晚上、深夜五个时段，通过自动照明控制系统预设置模式，自动控制灯具开闭的数量，这样使照明得到了有效利用，又大大减少了电能的浪费，同时保护了灯具，延长了灯具的使用寿命。如有特殊需要，可在管理室用按键面板手动开启或关闭照明，当外在条件符合自动控制的要求时，系统会自动恢复到自动运行状态，无需手动复位
2	更衣室及主客队休息室	采用红外传感器，如有人进入时自动开灯，人离开后延时关闭。同时提供智能照明监控服务器（LRMS），可根据具体情况开闭相关照明。提供自动和手动切换控制，根据需要由自动感应控制切换为就地手动控制
3	楼梯间	楼梯间采用定时控制和红外移动控制等方式。在比赛期间全部开启，在平时启动红外移动控制方式，采用红外传感器，人来自动开灯，人离开后延时关闭，以节约能源

序号	场景	景观照明的要求
4	公共通道	正式比赛时全部打开，方便观众进出，比赛结束观众离开后关闭，此操作既可由现场就地控制，也可由智能手机或平板（iPad、iPhone）控制，整个控制点放在值班室或相应的功能房间，以防观众或非允许的工作人员随意操作
5	洗手间	洗手间采用红外移动控制，人来自动开灯，人走灯延时关闭。可根据需要变更控制方式，比如在观众很多时系统将其照明状态改为常明，当人少时切换为自动感应控制
6	前厅（包括售票厅和入口大厅）	正式比赛时全部打开，方便观众进出，比赛结束观众离开后关闭。此区域照明控制集中在相关的管理室，由工作人员根据具体情况控制相应的照明。操作既可由现场就地控制，也可由LRMS控制，还可设置时间控制
7	功能性房间（如健身房等）	采用智能手机或平板（iPad、iPhone）控制和就地控制，根据各自的功能划分不同的照明区域，各照明区域的照明可以单独开启，也可通过需要设置不同的照明场景，实现场景照明控制

5.体育场馆景观照明

体育场馆景观照明的要求如图3-21所示。

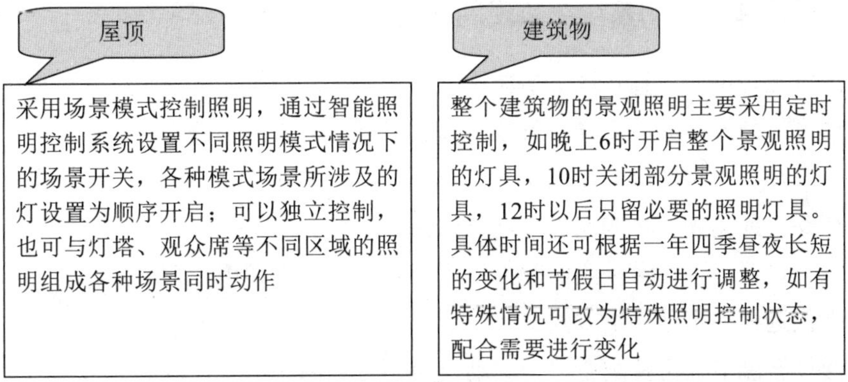

图3-21 体育场馆景观照明的要求

6.应急照明控制

照明智能控制系统由RS485总线进行通信控制，并由TCP/IP通信协议进行整体集联，与其他系统联动控制（BA系统、安防系统、AV系统等）；所有的应急照明控制均采用智能照明系统控制，平时正常使用，应急情况下强制打开所有应急照明，同时还可设置对常规照明回路的强制开启或关闭。可以通过LRMS监控整个应急照明回路的工作状态，并进行记录和统计，还可结合应急照明检测系统进行日常检测和维护。

十一、校园教室照明的智能控制

照明用电是学校一项基本的电力需求，学校具有区域大、房间多、灯具数量多、休息时间基本固定等诸多特点，若采用传统的照明控制，往往布线多、不能充分利用自然光照而造成电力浪费，且控制麻烦，即使严格管理，仍不可避免地由于忘记关灯而造成能源浪费。智能照明系统把校区内所有的灯具和感应器整合在同一个系统内，通过系统各种功能和控制方式使它们能互相配合运作，科学智能化实现学校照明需求和节能要求，如图3-22所示。

图3-22　教室照明智能控制

（一）校园智能照明系统应实现的功能

校园智能照明系统应具备以下功能。

（1）调光控制方式灵活多样：可按单灯、组灯、区域控制调光。

（2）分时控制：按实际照明需求设置时间表（可设多个时间点），系统自动按时间表对灯具进行开关或调光，是实现灯光创意的技术支持。

（3）场景设置：预设多种照明效果，需要时只需一键调用，方便实用。

（4）提供远程和本地控制方式。

（5）通过智能节点可控制空调、电动窗帘、排气扇等电气设备的开关。

（6）多种设置方式：电脑、手机、触摸屏、控制器自带触摸面板。

（7）照度控制：保持照度一致。

（8）人体感应控制：公共区域人性化节能，人来灯亮，人走灯灭。

（9）能源管理：统计当前方案用电总功率。

（10）系统可单机运行和组网运行。

（11）通过TCP/IP和RS485实现与其他智能系统的对接。

校园传统照明靠人工自觉自行控制各路灯具的开关，控制极为不便，管理难度大，因此会造成很大的能源浪费，而智能照明系统自动对校区内所有灯具进行开关和调光，实现节能减排。

（二）学校教室的智慧照明

学校教室灯具多，灯光频闪严重，易引起视觉疲劳，导致学生近视。智能照明系统可以在不同场景使用不同照明效果，比如演讲和平常上课采用不同的照明方案，或者根据自习学生座位分布去除或降低不必要的照明；在不同季节或一天中的不同时段采用不同色温，以提高舒适性从而提高学习效率等。

1.教室智能照明系统应用效果

（1）实现照明智能化，管理方便，维护成本低。

（2）健康舒适的学习环境，保护学生视力。

（3）调光功能，节约能源。

（4）延长灯具寿命，减少了灯具的更换和维修费用。

（5）布线简单，节省50%的工程用线。

2.教室智能照明系统的目标要求

教室智能照明系统应达到图3-23所示目标要求。

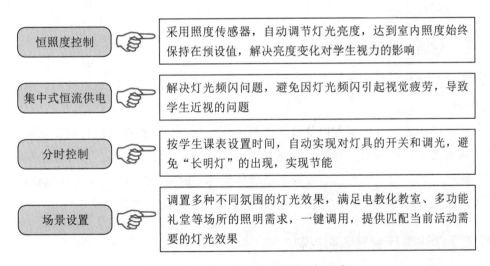

图3-23　教室智能照明系统的目标要求

3.教室照明控制

（1）控制面板。以座位阶梯教室为例，每个教室安装一个照明控制器，教室内的灯具以区域和隔灯划分回路，既可以根据教室的上课人数开部分区域的灯光，也可以实现整个教室1/3、2/3、3/3的照度。前后门口和讲台上都安装可编程触摸面板，对教室的灯光进行预设置场景，实现教室大区域的多点控制和集中控制的需求，只需要一键式的按钮就可以对灯光实现场景切换。

（2）安装智能感应系统。教室窗边安装照度传感器，充分利用室外自然光，控制室内灯光。比如，教室亮度低于光度设定值时，自动开启灯光；教室亮度高于光度设定值时，自动关闭灯光。

教室里面安装移动探测模块，如果检测不到活动迹象时，将在一定时间内，将光通量降低到设定功率或者完全关闭灯具。比如，教室有人时，提供100%的照明亮度；教室无人时，照明亮度自动降低到10%。

（3）电脑集中控制管理。传统学校照明电路分为众多分路，各功能单元分布较为分散，如果要在现场进行照明的控制、巡检很困难。通过场景控制面板或本地电脑控制终端，问题将迎刃而解。操作人员通过电脑系统软件看到灯具布置点位图，可对教学楼灯具进行开关、编程等逻辑控制，并对灯具进行实时监测，灯光回路信息反馈电脑界面，灯具状态输出。

（4）定时控制。根据不同的时间设定自动开启或关闭灯具，如晚自习期间，照明智能控制系统将为教室走廊提供足够的照度；下课后，系统自动关闭部分灯具，或调暗灯光的亮度。如果有特殊情况就改为手动控制，避免能源的浪费。

（5）安防控制。在接收到安防、消防系统的报警后，自动将制定区域如楼道照明和走廊照明全部打开。

（三）综合楼照明控制方案

综合楼照明的控制对象为办公室照明、会议室照明，通常采用场景控制、电脑集中控制等控制方式。

具体可以在各个办公室入口处放置控制面板，对办公室的灯光进行预设置场景，只需要一键式的按钮就可以对灯光实现场景切换。通过使用场景开关，可方便地实现各种场景，提供多种场合（如开会、投影、中场休息等）所需的照度。这种把控制芯片集成到开关的控制方式对一些小型的室内环境（如会议室、家庭）非常适合。

（四）学生餐厅智慧照明控制

学生餐厅智慧照明的控制对象为学生饭堂、教师餐厅。具体采用智能感应控制、场景控制、电脑集中控制等控制方式。

1.学生饭堂

（1）食堂里面安装移动探测模块，如果检测不到活动迹象时，将在一定时间内，将光通量降低到设定功率或者完全关闭灯具。

（2）安装照度传感器，饭堂室内亮度低于光度设定值时，自动开启灯光；饭堂室内亮度高于光度设定值时，自动关闭灯光。

2.教师餐厅

在餐厅入口处放置控制面板，对餐厅的灯光进行预设置场景，只需要一键式的按钮就可以对灯光实现场景切换，如全开、全关、触发场景，可组控制、交叉控制、多点控制各个模块等。

（五）学生宿舍智慧照明控制

学生宿舍智慧照明的控制对象为学生公寓、楼梯照明、走廊照明，具体采用定时控制、电脑集中控制等控制方式。

1.定时控制

即根据设置不同的时间设定自动开启或关闭灯具，如起床时间，照明智能控制系统将为各个宿舍自动开启灯具；晚上睡觉时间，系统自动关闭全部宿舍灯具。紧急情况可对模块进行手动控制开关。

2.电脑集中控制

操作人员通过电脑系统软件看到灯具布置点位图，可对宿舍楼灯具进行开关、编程等逻辑控制。

（六）学校园区智慧照明控制

学校园区智慧照明的控制对象为景观照明、学校道路照明、走廊照明，具体采用感应控制、经纬控制、电脑控制等控制方式。

具体可使用照度传感器、时钟管理器。照度传感器可自动感应户外光线，为模块提供开关信号，传感器检测到照度低于设定的流明值（光通量）时，自动开启照明，照度高于设定的流明值时，自动关闭照明。但为了避免一些外界因素的影响如阴雨天气，或是传感器的探头被灰尘覆盖，不能正确识别光强度等，配置了时钟管理器后系统软件能根据当地的日出日落资料数据，自动调整开关时间。另外还可以设置星期模式，周末放假自动关闭照明。三种形式相结合，以达到最佳的节能效果。

第四章
城市智慧路灯建设

导言

　　在智慧城市的规划建设中，路灯因位置及供电系统两大优势成为物联网在城市中的重点应用场域，而被称为"智慧路灯"。除了实现原来的路灯照明系统的智能化管理外，智慧路灯还是智慧城市建构安全治理的重要平台，集各种功能应用于一身，为实现城市的智慧管理发挥更多的作用。

第（一）节

智慧路灯概述

一、什么是智慧路灯

（一）狭义的智慧路灯

智慧路灯是指通过应用先进、高效、可靠的电力线载波通信技术和无线GPRS/CDMA通信技术等，实现对路灯的远程集中控制与管理的路灯。智慧路灯具有根据车流量自动调节亮度、远程照明控制、故障主动报警、灯具线缆防盗、远程抄表等功能，能够大幅节省电力资源，提升公共照明管理水平，节省维护成本。

（二）广义的智慧路灯

广义的智慧路灯是搭载小微站、边缘计算网关、LED显示屏、充电桩、摄像头等多种设备，集成物联网、智能云计算等多种技术的最佳载体，成为多种设施的综合体和不同行业的共享设备（见图4-1）。它扩充了功能，增加了模块，比如Wi-Fi模块、LED显示

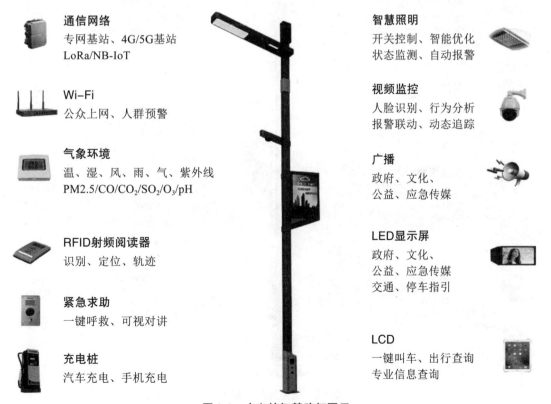

通信网络
专网基站、4G/5G基站
LoRa/NB-IoT

Wi-Fi
公众上网、人群预警

气象环境
温、湿、风、雨、气、紫外线
PM2.5/CO/CO_2/SO_2/O_3/pH

RFID射频阅读器
识别、定位、轨迹

紧急求助
一键呼救、可视对讲

充电桩
汽车充电、手机充电

智慧照明
开关控制、智能优化
状态监测、自动报警

视频监控
人脸识别、行为分析
报警联动、动态追踪

广播
政府、文化、
公益、应急传媒

LED显示屏
政府、文化、
公益、应急传媒
交通、停车指引

LCD
一键叫车、出行查询
专业信息查询

图4-1　广义的智慧路灯图示

131

屏模块、摄像头模块、PM2.5检测模块等，与物联网、无线城市、平安城市等有效地结合起来。

（三）智慧路灯具备的功能

（1）遥测电路参数，如路灯的电流和电压，遥控开关路灯，以及远程视觉重要部分的现场操作。

（2）监测LED路灯芯片焊盘温度或灯壳温度及故障诊断。

（3）通过阳光感应或车辆感应调光，时间控制甚至RTC调光，实现节能运行。

（4）根据灯具监测数据，及时掌握路灯异常的位置和原因，有目的地修复，加快保护速度，降低保护成本。

（5）在同一道路照明标准水平的任何时间，交通流量设为可变值，如一些新开发的道路在交通亮度的早期阶段可以更低，经过一段时间或通过监控交通流量来达到开启全光的门槛。

智慧路灯具备的功能如图4-2所示。

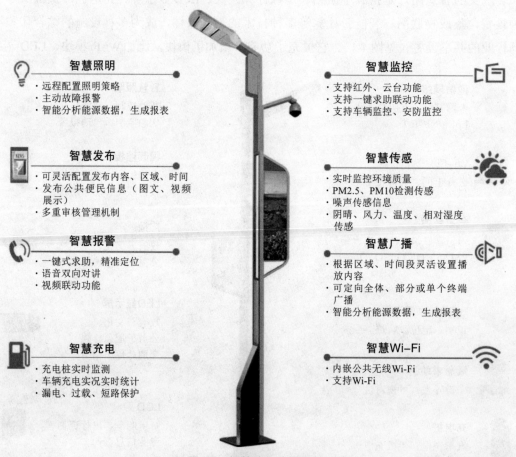

图4-2 智慧路灯功能图示

（四）智慧路灯与普通路灯相比的优势

1.降低使用能耗

智慧路灯管理系统的智能调控功能，可以根据道路车流量情况、光照情况自动调节公共照明的明亮程度，既保证照明亮度符合公共照明的标准，又可避免过度照明。智能调节在一般情况下的节能率在40%以上，部分环境下可达80%，是真正的节能照明。

2.延长灯具寿命

智慧路灯管理系统中的智能调控功能可实现按需照明，减少灯具的工作时间和负荷，延长灯具寿命。针对LED类灯具，可以延长工作寿命20%以上。

3.减少维护成本

智慧路灯管理系统支持对公共照明灯具进行遥控、遥测、遥信、遥视、遥调，实时监控路灯运行情况。将传统的被动人工巡检方式转变为系统主动告警，提升路灯日常运维质量与效率，减少了巡查的人工成本和车辆运维成本50%以上。按照1万盏路灯计算，每年可节省路灯巡检费用100万元左右。

二、智慧路灯将成为智慧城市的入口

作为智慧城市建设基础设施之一，智慧路灯是智慧城市发展的重要入口。如今的路灯早已不再是只有单纯的照明功能，而是把摄像、抄表、安防、充电、Wi-Fi等功能都聚集在了一根灯杆上。智慧路灯是未来智慧城市的主要发展趋势，如图4-3、图4-4所示。

（一）城市道路智慧照明呼之欲出

智慧照明是智慧城市的重要组成部分。它应用城市传感器、电力线载波/ZigBee通信技术和无线GPRS/CDMA通信技术等，将城市中的路灯串联起来，形成物联网，实现对路灯的远程集中控制与管理，具有根据车流量、时间、天气情况等条件设定方案自动调节亮度、远程照明控制、故障主动报警、灯具线缆防盗、远程抄表等功能；智慧路灯可以有效控制能源消耗，大幅节省电力资源，提升公共照明管理水平，降低维护和管理成本，并利用云计算等信息处理技术对海量感知信息进行处理和分析，对包括民生、环境、公共安全等在内的各种需求做出智能化响应和智能化决策支持，使得城市道路照明达到"智慧"状态。

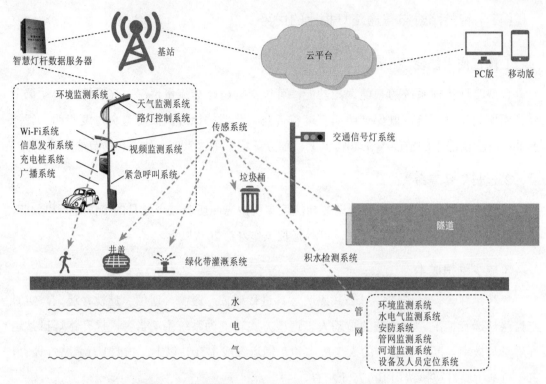

图4-3　智慧路灯将成为智慧城市的入口图示（一）

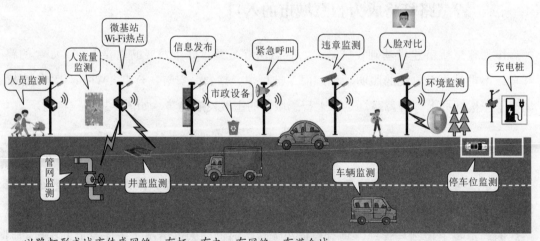

以路灯形成城市传感网络：有杆、有电、有网络、布满全城

图4-4　智慧路灯将成为智慧城市的入口图示（二）

（二）智慧路灯是智慧城市的最佳入口和服务端口

数量众多的路灯是最密集的城市基础设施，便于信息的采集和发布。智慧路灯未来是物联网重要的信息采集来源，城市智慧路灯是智慧城市的一个重要组成部分和重要入

口，可促进智慧市政和智慧城市在城市照明业务方面的落地，实现城市及市政服务能力的提升。

（三）政策频出，大力推广智慧照明

随着物联网、下一代互联网、云计算等新一代信息技术的广泛应用，智慧城市已成为必然趋势。近年来，智慧城市新政频出，我国多个城市掀起了智慧城市建设高潮。政府出台了一系列政策措施推进智慧城市建设，智慧路灯作为智慧城市建设中的重要组成部分，预计未来仍然会得到政策支持。

三、智慧路灯发展趋势

随着科学技术的不断进步，城市智慧化已成大势所趋。目前国家在政策上积极支持"智慧城市"发展，有关数据显示，我国已有"智慧城市"试点193个。而智慧路灯作为参与"智慧城市"建设的最佳细分入口，趋势预测自然十分可期。智慧路灯、互联网+、物联网等，这些技术正在悄无声息地改变着人们的生活方式，带给人们前所未有的便利和体验。

随着我国智慧城市的推广力度加大，未来我国将继续坚持走"可持续发展"战略，推广新能源，发展智慧城市等项目来节约能源保护环境。目前智慧照明发展已经在世界范围内如火如荼地进行着，我国也不例外，如今在深圳、广州、南昌红谷滩新区、杭州等地区已经启动路灯的智慧化改造项目，未来将会有更多的城市推广智慧路灯，将传统的路灯替换成太阳能路灯、LED节能路灯。如某企业的智慧路灯是一种集成各种信息设备技术创新复合应用的智慧路灯产品，具备智慧照明、Wi-Fi热点、环境信息采集、安防及道路智慧监控、信息发布、应急可视报警以及电动汽车智能充电等多种功能。

【他山之石】▸▸
....

某企业的智慧路灯功能

一、Wi-Fi热点覆盖系统

充分利用城市光纤主网络资源，即可低成本实现Wi-Fi全城覆盖，在路边就可以Wi-Fi上网，享受网上冲浪的快感。所有Wi-Fi热点全部通过公安部网络安全认证，在Wi-Fi连接认证界面可发布公益信息和政府公告，拓宽政府宣传渠道，提升宣传效果。

主要部署在商业街区、公交车站附近。

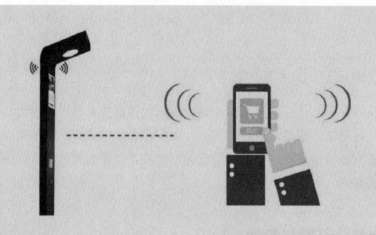

二、平安城市系统

一键式报警装置安装于路灯灯杆相应位置，是基于云计算、物联网技术、移动互联网技术、GPS服务于一体的专门适用于人员紧急求救的语音联网报警平台。此平台集语音报警、联网报警、报警定位为一体，具有报警及时、方便、自动弹出报警定位等功能，极大地解决了现有报警系统的问题缺陷，实时满足了人员的报警需求。

主要部署在路口与人流密集处。

三、视频监控系统

传统意义上的城市视频监管设备一般都是归属于闭合的小系统，如道路监控中心的监控设备，无法有效与公安、交通、城管等其他部门共享，形成了数目众多的信息孤岛，各部门独立树杆，造成极大浪费。智慧路灯视频监管系统是将监控设备装备在灯杆之上，合理利用现有资源，各职能部门可独立调取视频监控信息，在规则范围内尽可能共享资源。

四、公共信息发布平台

通过在路灯灯杆加装高清LED屏，作为交通、环境、气象等信息发布平台，也可以作为政府应急信息公示平台，并可以实现在紧急状态下，现场接管LED设备，对公共安防、应急疏散、事故求援等多种应急事件起到管理、指挥的作用。

主要部署在道路路口、商业街区。

五、传感检测

预装多种传感装置，如大气监测、车流监控、噪声监控等设备，将指定区域划分为标准单元网格，对网格内的各种数据进行实时监控，当监测数据出现异常情况下，直接反馈给相应主管部门，并采取信息公告、引导等应急措施。

六、水浸报警

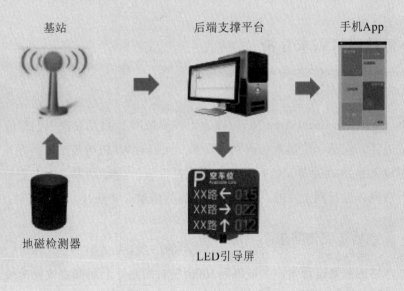

水浸报警系统通过水位监测传感器、视频监控等信息化技术，对智慧灯杆所处位置的积水情况进行监控，当积水深度达到相应设定警戒值后系统通过LED屏、道闸、声光报警器等手段进行告警提示，为城市决策者提供参考并为市场提前预警，保障行人车辆通行安全。

可部署在涵道等地势低洼地段，当出现内涝时，向指挥中心自动报警，并将水位信息显示在LED屏上，提醒司机。

七、智能停车

智能停车系统通过在停车位安装地磁感应器（泊车诱导），将采集到的数据通过基站控制器发送给停车场的后端支撑平台，建立一个一体化的智能停车管理系统，实现停车场车位查询、停车引导、自助缴费的智能服务。

基站　　　　　　后端支撑平台　　　　手机App

地磁检测器　　　　　LED引导屏

四、智慧路灯对智慧城市的价值

智慧城市发展如火如荼，建设需要一个过程，那么在智慧城市的建设中，智慧路灯能做些什么呢？

智慧路灯可以多个维度推进智慧城市建设，智慧路灯的应用带来的城市运营效率提升和经济促进作用越来越明显，提升了当地的城市管理效率和人民生活质量，使城市生活更美好。

首先，除了绿色环保之外，智慧路灯的最大特点是"智慧"二字。LED路灯智慧化的光线控制，将使人的情绪和健康受益。它能够实现在不同的场合提供最适合于实际情景的光源。而城市公共照明系统中的智慧照明，通过在每盏路灯上安装检测设备，不仅可以根据车流量自动调节灯光亮度，还可以实现来车来人检测，同时还可以在集中控制平台上，对每盏路灯进行远程开关、调节亮度等操作，还可实现自检故障、自动报错等功能。在未来，智能照明系统还可能代替导航系统，通过亮起路线沿途的路灯引导汽车前行。

其次，在物联网与大数据、云平台、无线Wi-Fi的基础上建立起来的21世纪智慧城市，是能够充分运用信息和通信技术手段感测、分析整合城市运行核心系统的各项关键信息，并对包括民生、环保、公共安全、城市服务、工商业活动等在内的各种需求做出智能响应。

从中可以看出，有关城市运行的关键信息是极为重要的一部分，要想整合出全面而有用的信息，有关于城市运行中的原始大数据是必不可少的，而遍布于城市各个角落的智慧照明系统，恰恰可以成为城市大数据的最便利采集器。

五、智慧路灯需求分析

（一）无线覆盖需求

WLAN（Wireless Local Area Network，无线局域网）的发展使人们摆脱了线缆的束缚，可以更方便、灵活、快捷地访问网络资源，人们对Wi-Fi的需求也是越来越强烈。如今，加上移动智能终端的普及，几乎每一个人都拥有一台移动终端，人们都想随时随地能够接入互联网，进行网上冲浪、资料搜索、新闻浏览、晒照片、收发邮件等。

（二）无线桥接回传需求

在无线网络的部署过程中，大概每隔100m左右的路灯上面都要放置无线AP（Access Point，无线接入点），那么每个路灯上面的无线AP都需要拉网线或者光纤，导致施工成本很高，所以在智慧城市建设过程中，在不降低设备性能和使用性的情况下，要求采用无线桥接技术。

（三）监控接入需求

如何让我们生活的场所更加安全，如何构建一个强大的安防网络来保证整个城市的安全，运用科学、先进的技防手段是最为有效的，已然成为人们最为关注的热点话题。

利用WLAN，为部署在各个区域间的监控设施提供接入服务，治安部门通过图像监控系统，实现网上可视化治安巡逻、110警情即时处置、公共复杂场所动态实时管控、机动车案件侦破、对一些案件多发地带进行守候或追踪等。

（四）其他扩展需求（传感器等）

在智慧城市建设过程中，往往利用智慧灯杆作为一个切入口，那么在智慧灯杆建设过程中，需要扩展一些其他业务，比如LED大屏显示、PM2.5检测、温湿度传感器等。

 相关链接

智慧路灯的合作方式

智慧照明从21世纪开始就发展迅速，智慧路灯概念自被提出就引起了强烈关注。目前智慧路灯市场竞争激烈，各大名企和厂商纷纷加入进来想分照明行业的一杯羹。那么，智慧路灯的运营和合作模式是怎样的呢？

智慧路灯目前的运作方式有四大种类。第一种是企业自主选购，根据自身项目需求来选择合适的功能，此种项目一般是公园、景区、办公园区等。

第二种是智慧路灯厂商和企业合作，一起投资建设，这种模式一般运用在园区、广场等标志性建筑地点，起到推广宣传的作用。

第三种就是政府直接进行招投标，选择合适的厂商来采购智慧路灯，这种项目一般是进行市政道路的应用，数量巨大。

还有一种就是政府和厂家进行合作的PPP（Public Private Partnership，即政府和社会资本合作，是公共基础设施中的一种项目运作模式）模式，这是针对城市市政照明设施亮化项目，由政府与社会资本合作经过一体化能效升级改造或新建，实现智慧城市照明并负责一定年限的经营而达到共赢的一种新模式，即智慧城市照明PPP合作运营模式。政府出让公共照明资源特许经营权，监管、购买照明服务，由智慧路灯厂

家投资，以运营管理公司为主体进行一体化系统升级改造，长效运营、服从监管、科学管理。

第 ② 节
智慧路灯产品

一、多功能智慧灯杆

多功能智慧灯杆是指以灯杆为载体，通过挂载各类设备提供智能照明、移动通信、城市监测、交通管理、信息交互和城市公共服务等功能，可通过运营管理后台系统进行远程监测、控制、管理等网络通信和信息化服务的多功能道路灯杆，如图4-5、图4-6所示。

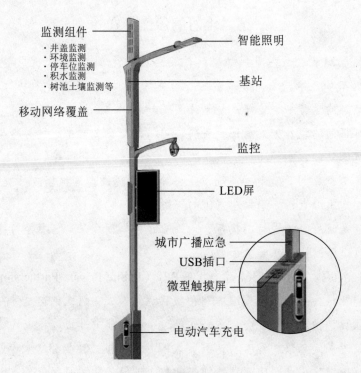

图4-5　智慧灯杆功能图示

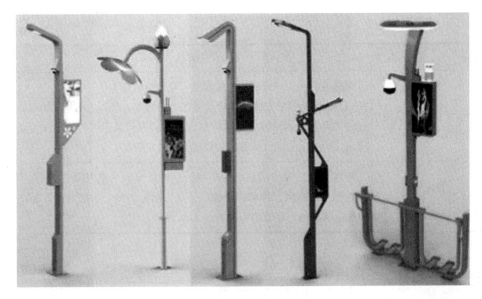

图4-6 各种各样的智慧灯杆

（一）多功能智慧灯杆的基本功能

智慧灯杆的功能是集成各种信息设备技术创新和复合应用的智能路灯产品，具体如表4-1所示。

表 4-1 多功能智慧灯杆的基本功能

序号	功能	具体内容
1	LED智能照明	通过在灯具上加装单灯控制器设备，实现对单盏路灯进行联网控制和运行状态检测，对每一盏灯实施数据采集、状态显示及自动报警功能，提高照明系统的管理水平，降低管理维护成本，避免照明能源浪费
2	安防监控	通过在灯杆上集成高清摄像头，实现对城市各类设备、事件的智能监控，通过对高清图像的实时浏览、记录，使各级公安机关、社区和其他相关职能部门直观地了解和掌握监控区域的治安动态，有效提高社会治安管理水平
3	信息发布	LED显示屏作为载体，与各个系统进行联动，既可以发布路况、环境数据等重要信息，又能发布公益和商业广告，而疫情期间，智慧灯杆也承担了疫情防护、疫情动态等信息发布功能
4	公共无线网络	无线城市可实现利用智慧灯杆规划建设城市沿线的Wi-Fi网络覆盖和基站，服务于市民在道路上的高速上网需求，为市民提供外出上网便利
5	一键呼叫和公共广播	智慧对讲终端、IP户外广播音柱、桌面式对讲终端等设备均由对讲和广播服务器进行集中式管理。对讲主机主要是实现监控中心对外呼叫，能够实现广播紧急通知、疫情动态、政务、新闻等，让户外或园区的群众及时有效地收到相关消息

续表

序号	功能	具体内容
6	气象环境监测	传感器监测内容包括环境温湿度、噪声、CO、NO、NO$_2$、SO$_2$、O$_3$、H$_2$S、PM2.5数据及气象数据（风向、风速、温湿度、气压、雨量、辐射）等，通过传感器监测到的部分环境信息，实时发布到显示屏，让市民可以第一时间通过街道上的显示信息感知到实时的环境状况
7	新能源汽车充电桩	智慧灯杆在保障道路高效照明的同时，可为电动汽车充放电提供接口，具有保护、检测、控制、通信、计量等功能，便于实现对路灯和电动汽车充放电状态的远程检测和控制

（二）智慧灯杆的应用场景

智慧城市是一个复杂而庞大的工程，智慧灯杆因为系统复杂，外设种类繁多，而且都是模块化安装，具备各种场合应用的可能。智慧交通、智慧市政、智慧景区、智慧安防等都是典型的智慧灯杆应用场景。公园、广场、景区、步行街、城市道路都可以成为不同配置的智慧灯杆的展示场所。总而言之，智慧灯杆的应用场景很多，如图4-7所示。

图4-7　智慧灯杆的应用场景

作为新型智慧城市建设的新型公共基础设施——多功能智慧灯杆，可以通过其来实现通信业务、公共安全、智慧照明、环境监测、智慧交通、新能源业务和信息发布等典型新一代业务应用，如表4-2所示。

表 4-2　智慧灯杆的应用场景

序号	应用场景	说明
1	智慧照明	通过将每一盏灯上安装单灯控制器设备与互联网连接，以实现远程对批量灯具按需照明和精细化管理，从而达到节能减排、高效运行和维护的目的。路灯可以实现远程进行实时和分组开灯、关灯、调光操作、回路开启、关闭操作，远程监控路灯运行状态、运行参数及用电量，包括故障预警报警等都是智慧照明可以实现的功能
2	环境监测	通过搭载在智慧灯杆上的智能一体化小型气象站，就可以采集环境数据并通过云端平台进行大数据分析，结合环境数据本地及远程推送服务，提供空气质量、温湿度、风速风向、噪声、电磁辐射、光照强度等环境信息
3	通信业务	5G网络建设对于站点的需求巨大，需要增加更多的站点以满足覆盖要求。智慧灯杆覆盖区域广、数量多，可以为5G网络建设提供海量站点资源。智慧灯杆作为通信连接点，可以通过无线或有线方式对外延伸，除了提供无线基站外，还有物联网、边缘计算、公共Wi-Fi及光传输等多种业务服务
4	信息发布	智慧灯杆上挂载LED显示屏、广播音响等设备进行信息发布，具有传播广、效应高、冲击力大的效果。当发生如火灾、地震等紧急事件时，可以通过多媒体信息发布系统进行应急广播、告警灯光提示，通知民众安全撤离；同时结合LED屏幕也可以进行政府信息、交通信息和商业广告的发布；配备多媒体交互终端的多功能智慧灯杆还可通过传感器实现人机之间的交互沟通
5	公共安全	要说城市中数量多、覆盖率高的公共基础设施，路灯肯定在其中。路灯广泛分布于城市的公路、街道和园区，对人口密集处有良好的渗透。智慧灯杆一大优势和特点就是可以搭载感应器和设备，通过在智慧灯杆的杆体上部署监控摄像头与广播、报警器等智能设备及与远程管理平台相结合，实现智能预警、紧急呼救、车牌识别、人脸识别等业务功能，能够有效提升公共安全服务效率
6	智慧交通	通过挂载高位摄像头等协助交通部门管理超速、违停等各类违章、违法行为，而交通流量检测器可以实时采集、传递交通状态信息，如车流量、车道平均速度、车道拥堵情况等。随着5G、物联网、大数据、AI等新兴技术发展以及多类型信息数据共享及联动，将会催生更丰富的创新业务应用。多功能智慧灯杆的业务应用可按需部署，同时兼顾未来业务和技术发展需要

（三）智慧灯杆系统架构

智慧灯杆系统架构是由杆体、综合机房、通信系统、供电系统、信息采集系统以及配套管道等设施设备组成，如表4-3所示。建立一个能够感知智慧城市信息的基础设施网络，并通过运营管理平台统一管控，实现智慧照明、安防监控、5G通信、能源管理等多种应用服务需求及后期维护管理需求。

表 4-3 智慧灯杆系统架构的组成

序号	组成部分	说明
1	智慧灯杆杆体	智慧灯杆杆体由杆体、悬臂、底座式机箱等部分组成，作为挂载设备的安装载体，底座式机箱用于放置光缆终端盒、智能网关、监控单元及交直流配电单元等设备
2	综合机房	综合机房是综合接入智慧灯杆各类业务数据的通信设备所在的机房，负责把各类业务数据的信息流由智慧灯杆连接到管理平台。要注意的是，电力荷载设计应当避免重复扩容带来的投资及运行成本浪费问题
3	供电系统	供电系统主要是用来为机房设备、挂载设备等提供电源和备电服务的。远程电源控制模块，可设置在灯杆内或综合机箱内，具体位置要看实际项目情况而定。此外，供电设计还需要综合考虑各挂载设备的用电负荷，根据具体情况进行适当调整
4	后台运营管理系统	智慧灯杆系统通过前端设施设备的挂载搭配后台运营管理系统，能够有效实现智慧照明、视频监控、无线 Wi-Fi、智慧交通、信息发布、环境传感监测、新能源充电等功能

二、太阳能智慧路灯

（一）太阳能智慧路灯的定义

太阳能智慧路灯是一种利用太阳能工作的新能源灯具，它由太阳能电池板、LED 光源、太阳能控制器、太阳能蓄电池、灯杆、监控摄像头、大喇叭等附件组成。

太阳能是取之不尽、用之不竭、清洁无污染并可再生的绿色环保能源。利用太阳能发电，拥有无可比拟的清洁性、高度的安全性、能源的相对广泛性和充足性、长寿命以及免维护性等其他常规能源所不具备的优点，光伏能源被认为是 21 世纪最重要的新能源。

而太阳能路灯无需铺设线缆、无需交流供电、不产生电费，采用直流供电、控制，具有稳定性好、寿命长、发光效率高、安装维护简便、安全性能高、节能环保、经济实用等优点，可广泛应用于城市主次干道、小区、工厂、旅游景点、停车场等场所，如图4-8所示。

图4-8 太阳能路灯

太阳能智慧路灯是一款

非同寻常的灯，它是由太阳能光伏组件发电，兼具路灯照明、实时监控、远程数据传输等功能的全方位智慧监控路灯，可用于新农村道路照明、治安管理、广播播报、美化景观、音乐娱乐等领域，智慧太阳能路灯对于贫困地区"精准扶贫"发挥了独特的智慧作用。

（二）太阳能路灯的原理及组成

太阳能路灯由以下5个部分组成：太阳能电池板、太阳能控制器、蓄电池、光源、灯杆及灯具外壳，有的还要配置逆变器。

1.太阳能电池板

太阳能电池板是太阳能路灯中的核心部分，也是太阳能路灯中价值最高的部分。其作用是将太阳的辐射能转换为电能，或送至蓄电池中存储起来。太阳能电池主要使用单晶硅为材料，用单晶硅做成类似二极管中的P-N结。工作原理和二极管类似，只不过在二极管中，推动P-N结空穴和电子运动的是外部电场，而在太阳能电池中推动和影响P-N结空穴和电子运动的是太阳光子和光辐射热，也就是通常所说的光生伏特效应原理。目前光电转换的效率、光伏电池效率大约是单晶硅13%～15%、多晶硅11%～13%。目前最新的技术还包括光伏薄膜电池。

2.太阳能控制器

太阳能灯具系统中最重要的一环是控制器，其性能直接影响到系统寿命，特别是蓄电池的寿命。控制器用工业级MCU做主控制器，通过对环境温度的测量，对蓄电池和太阳能电池组件电压、电流等参数的检测判断，控制MOSFET器件的开通和关断，达到各种控制和保护功能。

3.蓄电池

由于太阳能光伏发电系统的输入能量极不稳定，所以一般需要配置蓄电池系统才能工作。一般有铅酸蓄电池、Ni-Cd蓄电池、Ni-H蓄电池。蓄电池容量的选择一般要遵循以下原则：首先在能满足夜晚照明的前提下，把白天太阳能电池组件的能量尽量存储下来，同时还要能够存储满足连续阴雨天夜晚照明需要的电能。蓄电池容量过小不能够满足夜晚照明的需要，蓄电池过大，一方面蓄电池始终处在亏电状态，影响蓄电池寿命，同时也造成浪费。蓄电池应与太阳能电池、用电负荷（路灯）相匹配。可用一种简单方法确定它们之间的关系。太阳能电池功率必须比负载功率高出4倍以上，系统才能正常工作。太阳能电池的电压要超过蓄电池的工作电压20%～30%，才能保证给蓄电池正常充电。蓄电池容量比负载日耗量高6倍以上为宜。

4.光源

太阳能路灯采用何种光源是太阳能灯具是否能正常使用的重要指标，一般太阳能灯具采用低压节能灯、低压钠灯、无极灯、LED光源。

LED灯光源，寿命长，可达10万小时，工作电压低，不需要逆变器，光效较高，国产50lm/W，进口80lm/W。随着技术进步，LED的性能将进一步提高。笔者认为LED作为太阳能路灯的光源将是一种趋势。

目前多数草坪灯选用LED作为光源，主要利用太阳能电池的能源来进行工作。当白天太阳光照射在太阳能电池上，把光能转变成电能存储在蓄电池中，再由蓄电池在晚间为草坪灯的LED（发光二极管）提供电源。LED节能、安全、寿命长、工作电压低，非常适合应用在太阳能草坪灯上。

5.灯杆及灯具外壳

灯杆的高度应根据道路的宽度、灯具的间距、道路的照度标准确定。灯具外壳在美观和节能之间，大多数都选择节能，灯具外观要求不高，相对实用就行。

（三）太阳能路灯的种类

太阳能路灯有很多种。室外不同的场景需要搭配不同的灯具。与商家沟通想要的灯具时，他们总是给出一个冗长的解释，因为他们不知道灯的名称和功能。但如果您对这些灯有所了解，就简单多了，只需解释一下您想要哪种灯。

1.分体式太阳能路灯

分体式太阳能路灯无特定照明场合。它是最常见和最广泛使用的，无论安装环境如何，它都可以满足任何不同的配置要求。雨天较多的地方，配置要求高，电池板面积和容量应较大；光照条件好的地方配置要求较低，电池板面积和容量可较小。

高配置太阳能路灯可分为锂电池太阳能路灯、铅酸电池太阳能路灯和胶体电池太阳能路灯，前一个电池挂灯杆、灯头或面板支架上，后两个只能埋地下。锂电池性能、运输和安装方面都具优势，一般来说，锂电池太阳能路灯是首选。如果预算不足或安装环境温度过低，可选择另外两种太阳能路灯，因为电池埋得较深，能保持一定温度，保证低温下正常运行。

分体式的路灯还会有一个外置的蓄电池，用来储电放电，过去常会用到铅酸蓄电池，这种电池体积大、容量小，放电深度也不行，效率不是很好，现在基本上都是磷酸铁锂电池搭配，各方面的性能都很优异。安装时要注意，在灯杆上不要安装得太矮了，在地下不要埋得太浅了，避免被偷盗。

分体式的路灯由于各组件分开，因此，各组件的配置也有更高的灵活性，可以轻松根据照明需求来设计，对于那些阴雨天多的地区来说，是非常实用的。

2.一体化太阳能路灯

与分体式太阳能路灯相比，什么是一体化？光源、电池和太阳能电池板的结合称为一体化。

一体化的路灯从外表看，就只有灯头，但实际上，这个灯头已经把太阳能电池板、光源以及蓄电池都含进去了，一体化的设计，外观上来看，更加简洁。

一体化太阳能路灯的单个灯座包括太阳能电池板、锂电池、控制器和光源。它易于安装，外观简单大方。它不需要进行复杂的装配、接线，可以与灯杆、灯头一起工作，也不必担心正负极不分。这种结构的路灯一般设计得比较智能化，可以更好地适应用灯场景，可以有效节约储存电量，提高用灯效率。

这种设计不仅节省了储能，而且增强了路灯的续航能力，也凸显了智能路灯的概念。

一体化太阳能路灯高端大气，不过由于电池面板的尺寸和锂电池配置受灯头尺寸的限制，更适合配置要求较低的地区使用。

3.互补式风能和太阳能路灯

风能和太阳能属于清洁能源。太阳能发电不足的地区，路灯可以利用风能来辅助其工作，因此风能太阳能互补路灯应运而生。

互补式风能和太阳能路灯可以为路灯提供连续供电，无需担心日照时间短、工作时间长的问题。

4.太阳能壁灯

太阳能壁灯适用于屋顶露台、花园大门、庭院、阳台和走廊。壁灯造型美观，可根据建筑特点搭配，营造良好的氛围空间。

这种壁灯不占用空间，安装方便，价格低廉，普通人可以使用。

5.太阳能庭院灯

太阳能庭院灯是户外照明灯具的一种，通常是指6米以下的户外道路照明灯具，其主要部件由光源、灯具、灯杆、法兰盘、基础预埋件5部分组成。

太阳能庭院灯具有多样性、美观性，有美化和装饰环境的特点，所以也被称为景观庭院灯，主要应用于城市慢车道、窄车道、居民小区、旅游景区、公园、广场等公共场所的室外照明，能够延长人们户外活动的时间，提高财产的安全性，如图4-9所示。

图4-9　太阳能庭院灯

6.太阳能草坪灯

太阳能草坪灯具有体积小、装饰性强的特点，一般用于公园小径、庭院周围、游泳池旁和广场绿地。它完美地展现了夜间花草的姿态，达到了环境独特、层次丰富、氛围浓郁、色彩艳丽的艺术效果。

太阳能草坪灯的高度一般不超过1米，如图4-10所示。

图4-10　太阳能草坪灯

三、LED智慧路灯

LED路灯是智能照明技术发展的重要方向，用LED路灯替代以高压钠灯为代表的传统路灯，可在保证道路照明质量的前提下节约至少50%以上的电能。按照100W的LED路灯换250W的传统灯，每盏灯每天用电11小时来计算，改造100万盏路灯节约的电费可得收益4.6亿元，市场前景广阔。

LED智慧路灯硬件分为LED灯具、监控系统、汽车充电、无线Wi-Fi、一键报警、显示屏等，软件部分为"智能路灯控制系统软件"，通常可进行远程调控、远程报警等。

传统路灯用电量大、能耗高，一直是限制城市绿色发展的一个障碍。因为传统路灯用200W的大功率金卤灯，并且路灯不能进行单灯亮度调理，只能定时开关灯，用电量十分巨大。目前我国已安装的路灯大概是2亿盏，假定每天开启时间为10小时，那么，2亿盏一年就是1460亿度电，而我国最大的水电站长江三峡水电站的26台机组完全投产每年的发电量才847亿度电。

LED智慧路灯，LED灯具的功率只要100W，而亮度丝毫不差于200W的金卤灯。智慧路灯运用的智能路灯控制体系，选用无线智能控制，可远程对每盏路灯的亮度进行调整，晚上人流量削减，可调至50%亮度，以达到节能的目的。据不完全统计，运用智慧路灯控制体系，每年可节电45%以上。

四、智能路灯控制器

智能路灯控制器是智慧照明监控管理系统的基本组成单元，是集成了模拟信号采集，与开关灯输出、输入、计数和无线数据通信于一体的高性能智能测控装置，如图4-11所示。

图4-11　智能路灯控制器

（一）路灯智能监控终端（集中控制器）

智能路灯集中控制器将测得的信号转换成数据上传至监控中心，并将监控中心发送的数据转换成命令，实现对路灯、景观灯、楼宇光彩等的智能化控制。终端采用工业级通信模块，以嵌入式实时操作系统为软件支撑平台，同时提供RS232和RS485接口，可以实现模拟信号的采集、数据转换和数字信号的采集等。数据的储存周期和上传周期可以根据用户使用环境的要求调整。

智能路灯集中控制器通常应具备表4-4、图4-12所示功能。

表4-4　智能路灯集中控制器的功能说明

序号	功能模块	功能说明
1	液晶显示	终端自带高级背光功能，方便在能见度低的情况下操作
2	智能控制	内置时间、经纬度等智能控制策略
3	通信技术	终端上行采用GPRS/CDMA/3G/4G、电力线载波等无线技术
4	远程监控	终端可以监控配电箱的状态信息
5	在线升级	终端支持远程配置和远程固件升级

续表

序号	功能模块	功能说明
6	智能报警	终端可以直接把报警信息发送到中心服务器，告知准确的时间及故障原因
7	故障监测	多种故障监测，根据相关数据报告回路故障、通信故障等信息
8	硬件接口	终端内置多种回路输出（可扩展）、回路状态监测、箱门防盗监测、电力采集接口、传感器接口等
9	连接方式	终端提供多种有线接口和无线接口（RS485、RS232、GPRS）等方式连接至服务器
10	协议支持	终端提供多种行业标准协议，可以与其他系统与网络进行集成
11	安全防护	终端具有耐高压功能及高等级防浪涌功能，确保设备安全稳定运行

图 4-12　智能路灯集中控制器

（二）单灯控制器

单灯控制器就是能实现对每一盏灯进行控制的控制器，可以实现对每一盏灯运行的电压、电流、有功功率、开关状态、亮灯率等参数实时监测，同时能实现灯具防盗、定位、路灯巡查等功能。单灯控制器可采用短无线、电力线载波、NB-IoT等多种通信方式，适用于城市道路、隧道、桥梁、广场亮化及楼宇景观照明，及高速公路、机场、码头等。

1.单灯控制器的分类

单灯控制器的分类有很多，但主要的类别有两大类。第一类从技术上分为电力线载波单灯控制器和ZigBee单灯控制器；第二类按功能可分为单灯控制器主机和单灯控制器从机（又名单灯控制器终端）。

（1）电力线载波单灯控制器。利用传输电流的电力线作为通信载体，中间无需任何的布线就能实现通信，且对每一盏灯进行控制，适用于市政路灯 LED 灯、高压钠灯、无极灯、金卤灯等单灯控制。

（2）ZigBee 单灯控制器。ZigBee 技术是近距离、低复杂度、低功耗、低速率、低成本的双向无线通信技术。其特点是低功耗、低成本、时延短、传输范围小、数据传输速率低，适用于太阳能路灯的单灯控制。

2.单灯控制器应具备的功能

（1）单灯智能控制。根据用户设定时间、光照度等进行自动、手动分组分类实现智能开关灯。

（2）实时数据采集。采集路灯运行的电压、电流、有功功率、开关状态、亮灯率等数据。

（3）单灯节能。可节约 20% 以上的电能。

（4）调光控制。实现按需调光输出控制功能。

（5）远程监控。控制器可监控各种照明设备并将数据发送至智慧照明监控管理系统。

3.基于网关的智慧灯杆远程单灯控制的工作原理

基于 4G/5G 传输技术的智慧路灯解决方案，具备数据采集、远程控制、远程配置、故障报警等强大功能，完全满足绿色节能、智能化控制的实际需求。基于网关的智慧灯杆远程单灯控制方案有三个层面构成：单灯控制器、4G/5G 边缘计算网关（BMG8200 智慧灯杆网关）和智慧路灯管理平台。

其工作原理是通过控制平台和分布式边缘计算网关，通过 3G/4G/5G 通信网络，对所属终端灯杆实现远程控制、远程调光、远程监视、远程实时动态管理四大方面的功能，简称无线"四遥"监控。

（1）遥控：远程控制路灯的开关，能控制到每盏灯。

（2）遥测：远程测量路灯的单灯电气参数。

（3）遥信：设备故障信息和自诊断信息实时自动回传，便于管理部门及时处理。

（4）遥调：根据时间、经纬度、照度等自动调光，具备方便的远程调光能力，能对单灯进行开关及调光控制。

（三）双灯控制器

双灯控制器是采用物联网技术而研发的实现路灯单灯智能控制的新技术、新方法，可以实现对每一盏灯运行的电压、电流、有功功率、开关状态、亮灯率等参数实时监测，同时能实现灯具防盗、定位、路灯巡查等功能。双灯控制器可采用短无线、电力线载波等多种通信方式，如图 4-13 所示。

图4-13 双灯控制器

双灯控制器应具备如下功能。

（1）双灯智能控制。根据用户设定时间、光照度等进行自动、手动分组分类实现智能开关灯。

（2）实时数据采集。采集路灯运行的电压、电流、有功功率、开关状态、亮灯率等数据。

（3）单灯节能。可节约20%以上的电能。

（4）调光控制。实现按需调光输出控制功能。

（5）远程监控。控制器可监控各种照明设备并将数据发送至智慧照明监控管理系统。

（四）单灯控制器网关

单灯控制器网关（PLC或LOLA）适用于我国大部分路灯。单灯控制器网关主要收集、传输路灯的工作情况，集中控制开关路灯。单灯控制器网关应用GPRS进行传输，GPRS传输数据快，以分组方式传输数据，因此在网络资源的利用率上较电路交换有了很大的提高。

单灯控制器网关（见图4-14）应具有以下功能。

（1）进行数据集中与转发。

（2）进行通信故障判断。

（3）对路灯进行集中或单个调光控制。

（4）对路灯进行集中或单个开关控制。

图4-14 单灯控制器网关

智能路灯控制器怎样调时间

智能路灯控制器采用最先进的计算机控制技术，运用太阳与地球的运行规律以及地球经纬度与日出日落的关系，并根据一年四季变化规律与经纬度算法计算日出日落时间。产品有开关时间微调和半夜控制功能，从而能适应不同地理环境的需要，是路灯、霓虹灯、广告灯箱、监控补光等设备的最佳时间控制器，能有效节约资源消耗，减少浪费，可广泛应用于街道、铁路、车站、航道、工矿、学校、小区及供电部门等一切需要时间控制的场所。

智能路灯控制器出厂时，一般都根据客户要求已经设定好工作时间，智慧路灯的启动与关闭时间，是由智慧路灯的控制器决定的。智能路灯控制器调节分手动调节和遥控器调节，外置调节按键的可以手动调节，不过，目前市场上大多为遥控器调节，此类控制器要想调整工作时间，须配备遥控器，因此智慧路灯怎调时间也要看使用的控制器是什么类型的。

（1）充电电路采用双MOS系列控制环路，使电路的电压损耗比使用二极管减少近一半。

（2）负载模式采用纯灯控制，光感系统感应到光线暗了就会自动亮灯，亮灯时间采用微处理器和专用控制算法，实现智能控制。

（3）科学的电池管理方式，当出现过放电时，电池电压促进充电，维修补偿后正常使用。使用直接充电和浮充充电连接充电电池，同时具有高精度温度补偿。

（4）所有工业级芯片和封闭组件可在寒冷、高温、潮湿等环境中正常运行。同时使用晶体时间控制，使时间控制更准确。

【他山之石】

某企业的远程路灯智能控制器的功能说明

路灯控制器采用RS485总线、GPRS无线等多种通信方式，实现了控制设备和监控中心的互联，实现了强大的灯联网"五遥"功能，用户通过手机或电脑就可以轻松实现对路灯照明系统的远程实时管控。

远程路灯智能控制器体积小（A4纸大小）、功能强、性能稳定，广泛应用于城市道路、广场、商场、高速公路、车站、码头、机场等灯光照明系统，如下图所示。

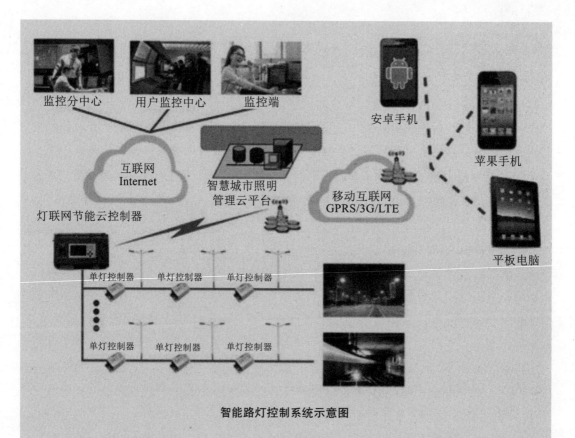

智能路灯控制系统示意图

九大功能说明如下。

1. 控制方式智能灵活

节能控制：预约控制和分时控制，实现回路输出属性的任意配置，实现节能管控的效果。

灵活控制：设置多套时间方案，实现对每一个回路的控制；可将所有回路按照不同的开关灯时间分为四组（全夜灯、半夜灯1、半夜灯2、半夜灯3），每组可以单独独立控制

多种时间控制模式：包括普通模式、按经纬度日出日落开关灯模式、节假日模式、周循环模式、二次开灯模式和经纬度开关灯模式。

多种控制方式：监控中心远程手动或自动、本机手动或自动、外部强制控制等五种控制方式。

2. 自动保存设置数据

控制器既可以联网使用也可独立使用，设备能自动保存用户设置的数据（保存时间10年以上），当系统通信中断时，设备将按照最后一次配置运行。

3. 多功能数据采集

系统内置电流、电压、温度等数据采集模块，可以实时采集系统的工作状态，实

现故障的智能分析。

4.状态实时检测

系统输出反馈检测模块可在系统开灯或关灯的时候检测外部回路是否开启或关闭，用来检测接触器或空气开关以及设备输出继电器是否存在故障。

5.多功能实时报警

报警内容包括白天亮灯、晚上熄灯、配电箱异常开门、电压或电流越限、回路缺相、回路断路和线路停电等故障，当报警发生时，系统可及时地向指定手机用户发送报警信息。

6.双重通信保障（有线+无线）

系统采用GPRS无线和RS485有线两种通信方式，使用电脑和手机就可以轻松实现对路灯照明系统的管理控制，同时在无线通信出现故障时，可以手动切换到有线通信模式，保证了系统通信的稳定。

7.超低温的使用环境

当环境温度低于系统设置的低温值时，能够主动开启加热系统，保证设备的正常运行，解决低温环境的使用限制。

8.全天电缆防盗

除了配电箱异常开门会自动报警外，系统内置6路电缆防盗报警接口，与我司FBM4报警主机配套使用，完成实时电缆防盗侦测。

9.单灯智能控制

通过PLC电力线载波或ZigBee方式完成对单灯的智能控制，包括单灯调光、单灯监控与检测、单灯报警；内置五种单灯控制方式，群控、组控、间控、点控、手控。同时系统预留两组开关灯时间和两组节能时间，实现单灯控制和分时节能。

五、智能路灯控制柜

智能路灯控制柜是指智能路灯照明节能控制器的组合，俗称路灯节电器、路灯节能调控装置、路灯照明节能稳压装置等，是为了民生需要，扩大城市影响力和竞争力而建造的节能灯柜。

智能路灯控制柜采用高效率、高可靠性的磁饱和电抗器技术和先进的微处理器控制技术而设计的，是采用直观的显示和方便安全的参数设置，安全可靠的循环切换模式，全方位故障保护运行方式等多项高新技术于一体的环保型节能产品，它将用电设备上的电压和电流控制在使用功率范围内，自动调整电气设备的耗电功率，从而达到延长用电设备使用寿命和节约电能的双重目的，如图4-15所示。

图4-15 智能路灯控制柜

智能路灯控制柜应具有以下功能特点。

（1）可靠性好。电磁主机采用优质材料，高效低耗并能降低线路损耗，提高功率因素，促进三相供电线路的平衡。

（2）安装便捷。安装后无需人工值守，适用范围广泛，可适用于各种不同类型的灯光负载，具有良好的性价比，投资少、回收期短，用户安装后可长期受益。

（3）降低损耗。节电效果显著，标准节电率应分高、中、低三个档位可供选择。同时降低灯具、镇流器、开关和线路的工作温度，延长使用寿命30%以上，大幅度降低维护成本；提高系统的功率因数，减少无功损耗。

（4）节电优化。能够优化灯具的电网供电电压，消除灯具过剩功率消耗，节电率较高（节电率10%～30%），能够延长灯具使用寿命，减少维修成本和工作量，不产生谐波干扰，增加用户供电容量。

（5）兼容性好。不用改变原有线路的控制状态，不用改变用户的用电习惯和使用方式，在各种环境和温度中都能正常运行。

以下介绍某企业路灯回路自动控制箱功能特点，供读者深入了解。

【他山之石】▶▶▶

某企业路灯回路自动控制箱

一、产品说明

路灯回路自动控制箱是一种以微电脑控制技术为基础的灯光控制节电器，可适应户外、户内及不同程度的使用环境，还可以改善灯光用电系统的功率因数及平衡三相电压输出，稳定工作电压。本设备整机采用一体化设计，全中文显示界面，操作更加简单方便，如下图所示。

二、产品用途

路灯回路自动控制箱主要应用于照明和路灯的节能控制、隧道照明节能控制等场合，起到智能控制和节能的效果。

三、应用范围

1. 适用的灯具类型

高压钠灯、低压钠灯、金属卤化物灯、高压汞灯、荧光灯等夜间连续作业的照明设备。

2. 适用的场合

路灯照明、景观灯、工业区路灯、城市路灯、高速公路、市政照明工程、楼宇、公共场所、大型广告灯牌等。

四、产品特点

（1）安装调试简单，投资少、见效快。

（2）双回路供电自动转换，两个回路等容量。

（3）无级调压，稳压精度可控在2%以下。

（4）各相独立调压、稳压，平衡各相输出。采用电磁原理，结合微电脑和数码技术，对负载电网实行实时监测；智能交流——交流的变换，人性化地控制工作电压与照度，从而保护灯具与节电。

（5）根据经纬原理，自动修改照明系统每一天开与关的时间；不用随季节变化而修改控制的时间。

（6）多时段的电压控制，更加人性化地控制照明系统。

（7）内设多重保护，具有防雷、过载、过流、短路、过压、欠压、温度及控制器异常等保护功能，并有独特防盗设计功能及抗腐蚀、抗水浸功能，确保系统正常工作。

（8）适宜各种负载性质的光源使用。

（9）保护功能完善，确保运行稳定、安全可靠。

（10）自适应时间开关控制与节电控制整合度高。

（11）节电率无级可调，节能效果显著。

（12）柔性调节输出无突变，平衡稳定三相电压输出。

（13）全模块化设计，KTJSQ-50/KTJSQ-80路灯回路自动控制箱可根据负荷大小，自由组合，方便灵活、适用性强。

（14）工作参数停电时自动保存。

（15）独特的微电子控制技术，先进可靠的硬件与独特的控制软件整合，双回路自动切换。

（16）参数一次调节，适时响应，自动调功和省电。

六、智能电力测控仪

智能电力测控仪可测量单相和三相电网的全部电参数，通过对这些数据进行处理、及时分析，将反映电网的运行情况和电能质量指标，以便找出影响电网运行的原因，并提出相应的整改建议，目标是改善现有电网用电系统的质量，降低电能损耗，保障电网的安全、可靠、经济运行，如图4-16所示。

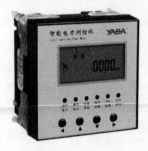

图4-16　智能电力测控仪

智能电力测控仪应具有以下功能特点。

（1）自运行功能。当监控中心主机崩溃或集中器和智能高杆灯监控仪通信故障时，智能电力测控仪能自动执行正常的开关灯。

（2）完善的自检能力。在发生故障时，能自动向监控中心报告，遇到严重故障则自动重新启动。

（3）远程维护。可以采用便携机经过通信网络远程连接到数据集中器，实现故障诊断、复杂参数配置和调整，可以远程复位整个系统或复位某个设备。

（4）具有光源模组温度、灯杆倾斜角度测量功能。

（5）具有用电设备（大功率灯具）运行时电流、电压、功率监测功能。

（6）具有远程开启一个灯具、多个灯具、全部灯具功能。

（7）具有灯具无级调光功能，减小灯具输出功率，节约能耗。

（8）具有环境照度感应开关、自动调光策略。

（9）具有设备运行异常、温度异常、环境异常预警功能。

（10）防护等级：IP68。

七、智慧灯杆数据服务器

智慧灯杆数据服务器是智慧路灯系统中远程监控的核心产品，主要负责通信网络的架构和调整，向下收集网络节点等反馈信息以及传达控制命令，向上与监控中心通信，接收命令以及反馈相关数据信息。

智慧灯杆数据服务器主要是和数据分配器配合使用，其主要主导数据融合、音视频解码、数据中转作用。智慧灯杆数据服务器通常采用多航插头设计，主要实现TCP/IP协议、Modbus协议、CANBus协议、Digital信号、Analog信号等信息的分配和收集，还包含弱电电源分配，解决智能设备供电问题。

智慧灯杆数据服务器的外壳通常采用压铸铝全密封结构，适用于各种恶劣环境，采用军工品质防水航空插头，具备防脱落旋紧环盖，增强设备稳定性，如图4-17所示。

图4-17　智慧灯杆数据服务器

第（三）节

智慧路灯控制系统

智慧路灯系统架构是由杆体、综合机房、通信系统、供电系统、信息采集系统以及配套管道等设施设备组成。建立一个能够感知智慧城市信息的基础设施网络，并通过运营管理平台统一管控，实现智慧照明、安防监控、5G通信、能源管理等多种应用服务需求及后期维护管理需求，如图4-18、图4-19所示。

智慧照明应用从入门到精通

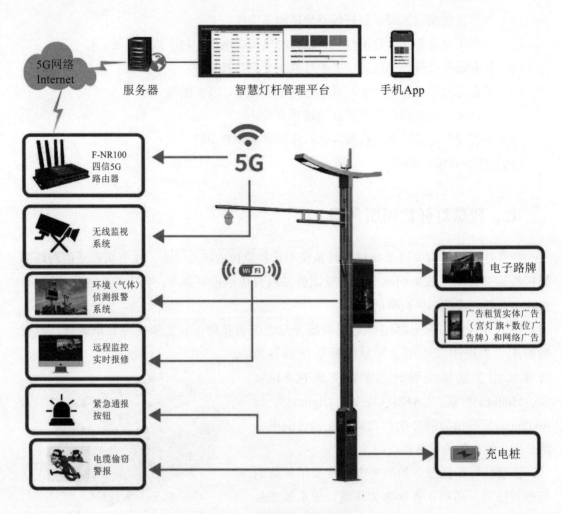

图4-18　智慧路灯控制系统图示

图4-19　智慧路灯

一、智慧路灯系统解决方案的分类

目前市场上智慧灯杆的主要功能模块大体相同,但不同厂家各自的解决方案不尽相同,无法形成有效的兼容,下面就两种典型的解决方案作简单介绍。

(一)分散控制

此控制方案主要是分为如图4-20所示的三层。

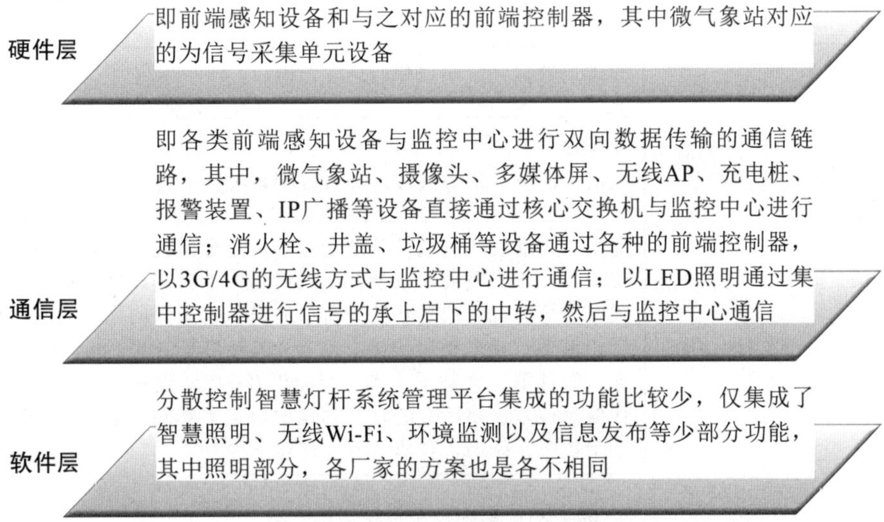

硬件层 即前端感知设备和与之对应的前端控制器,其中微气象站对应的为信号采集单元设备

通信层 即各类前端感知设备与监控中心进行双向数据传输的通信链路,其中,微气象站、摄像头、多媒体屏、无线AP、充电桩、报警装置、IP广播等设备直接通过核心交换机与监控中心进行通信;消火栓、井盖、垃圾桶等设备通过各种的前端控制器,以3G/4G的无线方式与监控中心进行通信;以LED照明通过集中控制器进行信号的承上启下的中转,然后与监控中心通信

软件层 分散控制智慧灯杆系统管理平台集成的功能比较少,仅集成了智慧照明、无线Wi-Fi、环境监测以及信息发布等少部分功能,其中照明部分,各厂家的方案也是各不相同

图4-20 分散控制系统架构方案

其他诸如视频监控、语音广播、一键报警、智慧充电、消火栓监控、垃圾桶监控和井盖监控等功能均通过第三方软件平台对接相应的硬件设备,无法兼容到智慧灯杆集控平台中,这样控制的本质是以照明为基础的灯杆仅仅是作为一个硬件载体,其他功能模块和软件依然是独立的存在。

这些软件功能传输数据的方式只会存在两种可能:一是通过光纤来传输数据;二是通过无线传输数据。随着技术的发展,这些数据传输协议必将实行标准化,为将来功能模块的统一化处理提供便利,只需在灯杆下面通网通电以及加装相关控制设备即可。

而目前大部分企业受技术以及资源整合等条件的限制,均只是做到分散控制这一点,以后还有很长的路要走。

(二)集中控制

此方案在系统架构上同样分为如图4-21所示的三层。

随着"一个中心、一个平台、多个系统"概念的兴起,智慧灯杆终将朝着集中控制这一方向发展，即监控中心的智慧灯杆管理云平台集智慧照明、环境监测、安防监控、无线Wi-Fi、信息发布、一键报警、语音广播、智慧充电、消火栓监控、井盖监控、垃圾桶监控等功能于一体。

无线传输端主要是通过NB-IoT的方式与服务器进行数据传输，可以实现控制设备的互联、互通、互换。

其他集成网络设备信号传输通过有线的方式，即通过交换机与服务器相连，直接通过平台对其进行控制，形成单独的模块化控制，便于后期的自由组合，操作简单方便，能够适应不同场景对功能的选择。

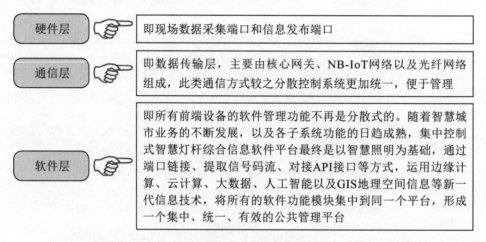

硬件层	即现场数据采集端口和信息发布端口
通信层	即数据传输层，主要由核心网关、NB-IoT网络以及光纤网络组成，此类通信方式较之分散控制系统更加统一，便于管理
软件层	即所有前端设备的软件管理功能不再是分散式的。随着智慧城市业务的不断发展，以及各子系统功能的日趋成熟，集中控制式智慧灯杆综合信息软件平台最终是以智慧照明为基础，通过端口链接、提取信号码流、对接API接口等方式，运用边缘计算、云计算、大数据、人工智能以及GIS地理空间信息等新一代信息技术，将所有的软件功能模块集中到同一个平台，形成一个集中、统一、有效的公共管理平台

图4-21 集中控制系统架构方案

平台应兼容多种网络协议，支持多种接入方式，轻松接入物联网相关设备，提供海量大数据分析引擎，全面汇聚城市管理领域相关数据信息，将各领域信息孤岛有机串联起来，然后通过AI分析研判，在各级执行层面实行联动控制，建立统一的智慧控制中心，方便统一管理，提供决策依据，充分发挥信息化、智能化在城市管理方面的支撑作用。

集中控制解决方案作为将来的发展趋势，如何进行有效的推广和进行产业链的资源整合，以及实施软硬件的接口协议统一化，还需要有很长的一段路要走。

二、智慧路灯控制系统的组成

智慧路灯控制系统由智能照明子系统、智能安防子系统、智能交通子系统、智能监测子系统、无线通信子系统、新能源子系统、城市公共服务子系统和移动通信子系统等子系统以及杆体、横臂、供配电设备、综合机箱、综合机房、地下缆线管廊等配套基础设施组成。如图4-22所示为智慧路灯控制系统简要示意。

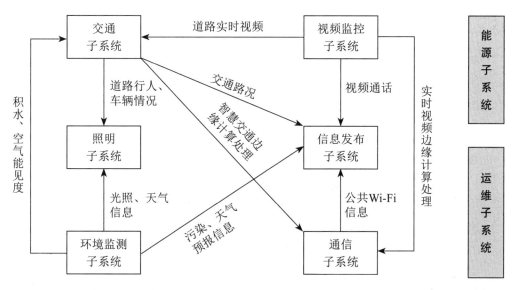

图4-22　智慧路灯控制系统简要示意

（一）智能照明子系统

智能照明子系统主要包括灯具、供配电及控制设备。系统应能实现对路灯的远程开、关、调光操作，并可根据道路车流量、光照情况、经纬度对路灯进行智能调控；应能对灯具、灯杆、电缆的实时运行状态进行检测和故障报警，如图4-23所示。

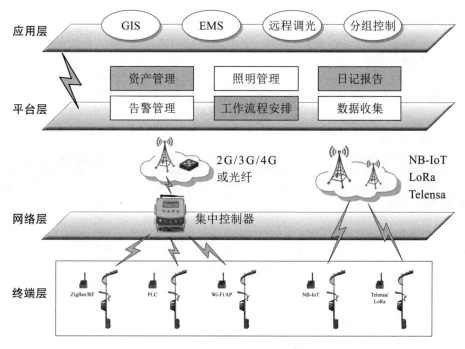

图4-23　智能照明子系统

163

（二）智能安防子系统

智能安防子系统主要由安防摄像头、报警按钮等相关设备组成。其中，视频安防监控应具有人脸识别、车牌识别等功能，可进行人数统计，并发布人群拥挤预警。一键呼救可精准定位，指挥中心可快速响应、联网援助、就近出警。如图4-24、图4-25所示。

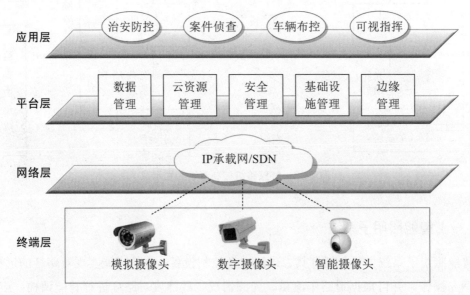

图4-24　视频安防监控系统

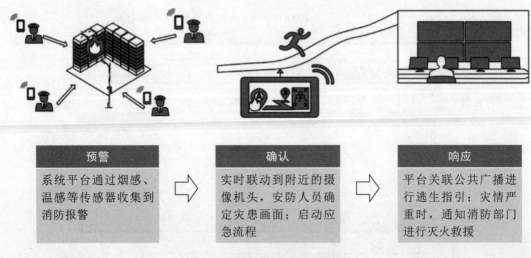

图4-25　智慧灯杆安防应用图示

（三）智能交通子系统

智能交通子系统主要包含交通信号灯、交通标志牌、交通摄像头、交通流量监测等设备。系统应能对交通拥堵、停车、行人以及逆行、抛洒物、烟雾、违章并线、违章掉头等事件进行自动检测，可对路面结冰状态进行监测；系统应能对交通等事件的时间及图像进行记录、存储及报警。如图4-26所示。

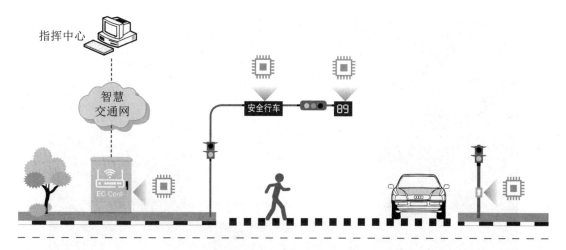

图4-26　智能交通子系统

（四）智能监测子系统

智能监测子系统主要包含气象监测传感器、环境监测传感器、无线电监测传感器等监测传感器。系统应能实时采集温度、相对湿度、风向、风速、大气压力、雨量、PM2.5、PM10等气象环境要素；应能采集城市环境噪声分贝、有害气体浓度数据，实现对噪声污染、大气污染程度的动态监测和管理（见图4-27）。智能监测子系统有以下组成部分。

1.感知层

感知层连接相应传感器对噪声，以及空气中SO_2、NO_2、O_3、CO、H_2S、HF、空气颗粒物（TSP）、PM10等数据进行测量；连接相应气象仪测量风速、风向、温度、相对湿度、大气压力等。

2.网络传输层

图4-27　智能监测信息发布

网络传输层设备连接智慧灯杆网关入网，将采集数据传输到云端管理平台并实时发送至各管理部门。

3.平台管理中心

平台管理中心负责监测环境质量，对异常数据发出危险警报，避免健康危害，如图4-28所示。

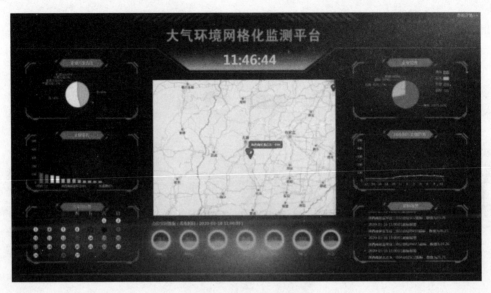

图4-28 平台管理中心

（五）无线通信子系统

无线通信子系统主要包含移动通信基站和公共WLAN等设备。移动通信基站宜支持4G/5G等先进无线制式，成为无线通信网络的热点或者补盲，满足用户随时上网的需求。公共WLAN可实现WLAN区域覆盖，用户可实现区域内接入网络，如图4-29所示。

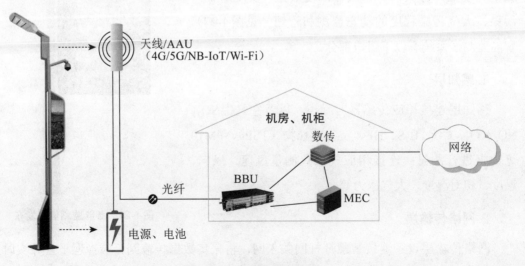

图4-29 无线通信子系统

（六）信息发布子系统

信息发布子系统主要包含公共广播、LED信息屏、多媒体交互触摸屏等公共服务设备。系统可支持城市公共服务相关文字、图片、视频等静态信息和实时动态信息发布与播放，如图4-30所示。

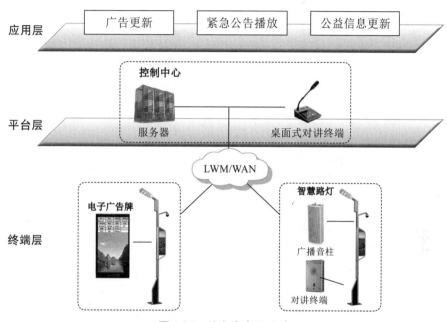

图4-30　信息发布子系统

（七）新能源子系统

新能源子系统主要包含新能源汽车充电桩、太阳能电池板等新能源设备。能停车的道路及城市停车场可设置汽车充电桩；太阳能丰富的地区，道路照明可利用太阳能分布式能源，如图4-31、图4-32所示。

图4-31　新能源汽车充电桩

图4-32　太阳能电池板

（八）运维子系统

要保障智慧路灯系统的长久稳定运行，同样需要对智慧灯杆进行周期性的巡检维护，包括对杆载设备硬件的完好性与稳定性检查，以及对智慧灯杆运营管理系统的功能升级和漏洞修复，以保障智慧灯杆整体系统能得到持续拓展提高。

智慧路灯管理系统应针对智慧灯杆长效运维的需要，有针对性地开发工单运维模块、资产管理模块、综合管理模块等，如表4-5、图4-33所示。

表 4-5　智慧路灯运维子系统的模块及说明

序号	运维模块	功能说明
1	工单运维模块	应实现事务系统信息化管理，支持文字描述、上传图片、文档、表格等格式附件，一个任务工单可由不同的人员多次填报处理记录，可派单、可督单
2	资产管理模块	通过各子系统中设备管理模块统一管理设备，在数据展示页中汇总展示。各子系统设备管理模块包括智慧灯杆资产管理、摄像头资产管理、硬盘录像机资产管理、网络广播资产管理、一键报警资产管理、智慧灯杆网关资产管理等
3	综合管理模块	包含区域管理、角色管理、用户管理、系统登录管理、系统日志、数据字典管理、身份管理、菜单管理等系统基础信息和管理功能模块

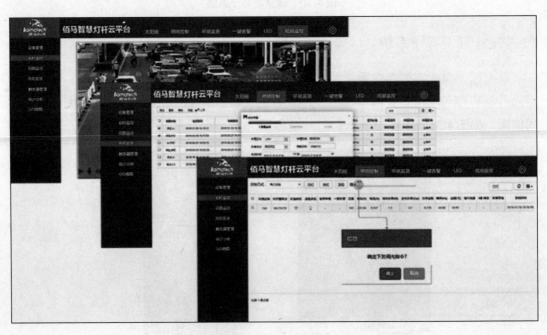

图4-33　某智慧灯杆云平台运维界面

三、智慧路灯管理系统的设计

智慧路灯管理系统软件平台是智慧路灯的核心，是对路灯监控调度、运维数据管理的中心平台。系统可以通过地图的方式，迅速定位路灯并进行管理，包括设置单灯或一组灯的调度策略、查询路灯状态和历史记录、实时更改路灯运行状态、提供路灯的各类报表等功能。

（一）智慧路灯管理系统的功能设计

智慧灯杆系统平台应实现以下基本功能。

（1）在路灯系统中可以对每个集中器及每个节点控制器进行控制。在操作界面上能实时显示所有集中器及单灯的状态，并对它们实现单点控制、组控制、广播控制等控制策略。

（2）系统提供GIS定位，对每盏路灯进行定位并在地图上显示，并在地图上对路灯进行开关灯等操作，大大方便对路灯的管理。

（3）能自动检测路段是否有车经过，根据情况自动调节路灯照明亮度，可实现光照调控、经纬度（日落时间）调控，可以进行来车数量统计、节能率统计，以达到节能效果。

（4）路灯故障或线缆被盗时即时自动将照明设备故障上报业务系统，业务系统根据报警信息类型通过短信预警、邮件预警等方式提醒。

（5）用户无需到现场就能了解路灯用电情况以及功率、功率因素，包括实时耗电数据查询和历史耗电数据查询，并能在系统中新增、修改和删除电能表。

（6）用户通过操作在电脑、手机和Pad等客户终端上的客户端软件，即可对照明灯具进行移动管理。移动控制终端具备单灯控制、故障定位等功能，方便维护人员检修路灯和进行移动管理。

智慧路灯管理系统的功能设计如下所示。

作为控制领域的新生产物，路灯控制系统的功能需求还在不断挖掘中，目前主要以节能、便捷管理为主，已形成普遍共识的功能需求如表4-6所示。

表4-6　已形成普遍共识的功能需求

序号	功能模块	需求说明
1	路灯控制	采用全体、分组或单灯的方式进行路灯的远程开、关和调光控制
2	情景控制	可以设定路灯工作情景、控制策略，实现无人值守工作

续表

序号	功能模块	需求说明
3	数据采集	对每盏路灯工作状态、报警、工作电压、电流、累计电量等进行采集并上传到服务器
4	路灯管理	对路灯反馈数据进行统计分析，产生维护报警和数据报表，报警内容可以及时通知相关维护人员
5	地理信息系统（GIS）	利用商用或免费的地理信息系统，实现路灯等相关设备的实时定位，提高可操作性

另外，与大量客户接触后，企业提出的常见需求如表4-7所示。

表 4-7　企业提出的常见需求

序号	功能模块	需求说明
1	配电箱控制	目前部分省市对配电箱采用了"三遥"控制，起到了示范作用。有客户要求在路灯控制系统中加入配电箱电源远程控制及电力参数监测功能，或将已有的配电箱控制系统集成至路灯系统中
2	电缆失窃及偷电报警	某些地区电缆盗窃和偷电情况较严重，客户提出可以加入电缆失窃和偷电报警功能
3	照度检测及控制	检测环境光亮度，进行自动调光
4	活动检测	分时段通过人体红外传感、图像模式识别等方式识别是否有人员活动，分区域调节亮度
5	扩展摄像头功能	用于监控路灯运行状态及有无人员破坏等

未来可能产生和引导用户使用的功能需求主要来自网络规模和技术融合，具体如下。

功能领域扩展：由于照明控制系统的终端节点数量大、分布广，一旦形成规模后，可以用于城市环境监测、交通管理、治安等。

可见光通信：利用LED光源的快速响应特性，可以进行可见光通信，目前已经有多家研究机构和高等院校对此展开研究，如果将这一技术应用在路灯控制系统和路灯上，无疑将会产生更多的应用。

传感器应用：传感器技术的发展，将会给照明控制系统的功能带来更大的扩展空间。

（二）智慧路灯管理系统架构

智慧路灯管理系统由软件系统和硬件设备组成，分为四层，即感知层、网络（通信）层、数据层和应用层（如图4-34所示）。通过各层的相互配合，实现了路灯设施管理、故障报警、用电监测、路灯控制和移动终端应用等功能，后期还可扩展车流量监测、光感监测等智能化功能。

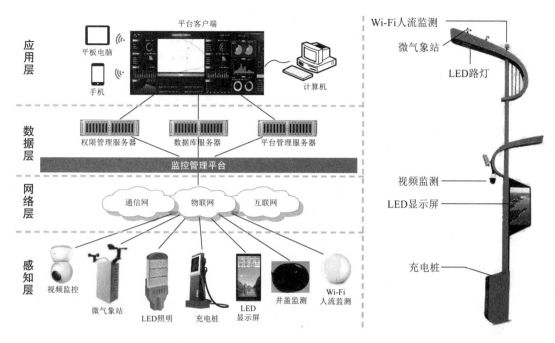

图4-34 智慧灯杆的系统层次

1.感知层

信息管理平台的感知层是指摄像头、传感器等传感设备和技术，实现对智慧灯杆解决方案中所有终端设备的全面感知。智慧灯杆涉及的感知层设备，有智能路灯、安防摄像头、LED显示屏、环境监测相关的传感器等，如图4-35所示。

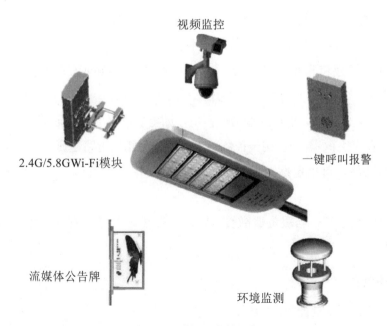

图4-35 感知层上的设备

2.网络层

通过网络层，设备感知层可以将相关的信息上报给数据层；通过网络层，设备感知层也能够接收相应的操作指令并执行。在智慧灯杆解决方案中，采用灵活组网的NB-IoT来控制和监测路灯，同时采用4G、有线等通信方案，支持各种传感设备无缝接入，便于统一数据采集和管理分析。这里也可以运用其他通信制式的方案，比如NB-IoT和4G，也可以是ZigBee，"LoRa+有线"的通信方式。

3.数据层

网络通信层之上是数据层，该层将感知层获取到的原始数据信息，如温度、相对湿度、噪声、监控视频等，提供多层数据融合处理。

4.应用层

应用层包括了路灯照明监测、安防监控、环境监测、信息发布、网络广播、紧急呼叫等功能。

（三）路灯控制系统硬件设备设计及设计需求

在路灯控制系统中，部分设备需要重新定义和开发，如集中器和照明控制器。

1.集中器

集中器的基本功能需求如下。

（1）上行数据接口一般采用GPRS路由器或GPRS透传模块，同时配备网口，可以接入以太网或光端机，采用TCP/IP与应用层软件进行通信。

（2）下行数据接口根据厂家实际需求，可以接入ZigBee无线通信、电力线载波、RS485等通信模块，与感知层设备进行通信。

（3）RS485通信接口，用户扩展功能模块，如电表、照度传感器等。

（4）数字和模块I/O若干，用于控制接触器或采用相线电路电压等。

（5）轮询功能，可以定期对所管理的感知层设备进行轮询，并将轮询结果上传服务器。

（6）可以脱机运行，当服务器网络故障或不存在时，可以使用本地控制策略进行感知层设备控制。

2.照明控制器

照明控制器的基本功能需求如下。

（1）数据接口可以为ZigBee无线通信、电力线载波或RS485等通信。

（2）具有一路或多路开关功能，用于开关后级设备（如灯具）。

（3）具有一路或多路调光接口，如PWM、0～10V或4～20mA电流输出等，用于后级灯具调光功能。

（4）可以采集工作电流、电压、累积电量等工作参数，并根据集中器要求上传数据。

（5）有过压、过流、过温等报警功能。

此外，集中器和照明控制器均为户外使用，除要考虑其防水防尘等防护性能参数外，还要考虑高温、外壳老化、防雷、防静电等相关参数的设定。使用环境必须适应路灯系统电力环境，还须满足国家对电子产品强制标准要求。

（四）智慧灯杆软件系统架构

1.智慧灯杆软件系统的构成

智慧灯杆软件系统由两部分组成，一部分为灯杆的网关，负责采集打包灯杆上生成的各种设备数据，并发送到管理平台进行存储，同时处理管理平台发来的控制指令，对灯杆上的各种设备进行远程控制，网关软件可以进行自动升级；另一部分为灯杆管理平台，支持云方式，对每条街道或区域的灯杆进行统一管理。

2.智慧灯杆软件系统的主要结构

软件系统的主要结构如图4-36所示。

灯杆设备　　　　　灯杆网关　　　　　管理平台及服务　　　　　数据中心

图4-36　软件系统的主要结构

其中灯杆设备与灯杆网关之间采用串口，网中或无线（LoRa/ZigBee等）连接方式。
灯杆网关与管理平台之间采用TCP/IP方式进行连接。
管理平台与数据中心之间采用ORM中间件进行连接。

3.智慧灯杆软件系统的功能模块

（1）网关设备功能。设计为每根灯杆配置一个网关设备，网关设备功能清单如表4-8所示。

表 4-8　网关设备功能清单

编号	模块	功能说明
1	配置管理	通过 HTTP 方式或其他方式，对网关自身进行配置
2	软件升级	支持设备进行升级，以人工或自动方式
3	状态管理	对灯杆各设备状态进行管理，如可用、故障、告警等
4	设备管理	对灯杆各设备进行配置管理，如连接参数、协议等
5	远程执行	可远程执行管理平台发来的控制指令
6	规则管理	可支持灯杆各设备组合应用规则的管理（需详细规划）
7	数据传输	将灯杆各设备采集运行数据打包传输

（2）管理平台的功能模块。管理平台分为三类大的角色，政企用户角色、管理运营角色和设备厂商角色，每个角色可根据自身管理需要再配置更多子角色。管理平台功能清单如表4-9所示。

表 4-9　管理平台功能清单

编号	一级模块	可用角色	功能说明
1	首页	管理运营角色 政企用户角色 设备厂商角色	通过 GIS 形式展示当前系统总体运行情况，包括政企单位数、灯杆数及状态、报警数、正常运营数，同时在首页显示其他菜单功能连接
2	监控视图	管理运营角色 政企用户角色 设备厂商角色	监控视图包括总体视图、实景视图、地图视图、告警视图等，反馈区域内总体情况，同时包括按子系统划分的照明视图、视频监控视图、信息广告视图、环境视图、5G基站视图、电表视图等子系统的视图，显示子系统总体情况
3	设备管理	管理运营角色 政企用户角色 设备厂商角色	包括对灯杆的增加、删除、修改及查询；灯杆上各种设备的配置管理、连接参数、协议设置等；对灯杆上的各设备进行增加、删除、修改等操作，包括视频监控、5G基站、信息发布、无线AP、充电设备、环境监测、LED屏幕等
4	应用管理	管理运营角色 政企用户角色	对灯杆的运行规划进行配置，分别对应每个设备系统，如照明规则设置、LED规则设置、信息发布规则设置、环境监测规则设置，通过这些规则设置后，同步到网关设备上，进行规则的执行，产生具体应用
5	组织管理	管理运营角色 政企用户角色	对系统的组织进行管理，包括增加、删除、修改政企的用户，政企用户则修改自己的组织结构，同时进行角色、权限的配置和管理
6	系统维护	管理运营角色 政企用户角色 设备厂商角色	提供对系统的维护，包括告警管理、巡检管理、设备查询、故障处理、工单管理等，设备厂商可通过系统对设备进行维护处理，形成闭环的维护管理过程

编号	一级模块	可用角色	功能说明
7	数据报表	管理运营角色 政企用户角色 设备厂商角色	提供丰富的数据报表，如总体的报表和按照不同设备统计的报表，便于进行统计分析，可根据需要进行定制，支持电量的统计
8	系统管理	管理运营角色 政企用户角色	进行系统总体的配置，包括数据采集的参数、数据连接参数、字典表的配置、个人信息密码的修改等
9	数据服务	管理运营角色	进行系统的数据采集以及与网关的通信，通过该服务与网关设备交互信息，采集各设备的数据进行存储，同时管理平台通过本服务发送控制指令及同步规则应用

（五）路灯工程施工及系统数据库初始化

智慧灯杆的每盏（或几盏）路灯会安装一个照明控制器，且根据网络规模，需要安装若干集中器。无线控制器一般由于安装位置对信号强度会有影响，安装在灯具内部，而电力线载波或RS485等对位置要求则不是很高，可以安装至灯杆的维护窗内。一般无线集中器安装至电杆或路灯上，而其他集中器可以安装至路灯控制系统。在工程施工过程中需要增加的工作量有许多，具体如下。

（1）使用环境前期评估。如电压是否稳定及谐波是否满足要求，对于电力线载波还需要检测载波频率附近是否有干扰，无线通信需要查看现场同频无线干扰的情况及阻挡物的情况等。

（2）网络规划。根据节点信息、网络状况、配电情况等，规划集中器安装位置等。

（3）设备安装。照明控制器和集中器的安装、控制室设计等。

（4）设备检测及组网。检测设备是否安装正确，并记录网络验收及维护情况；检验集中器和照明控制器的接线及安装等是否符合规范，定期检测节点连通率等。

其中组网过程，获取大量路灯节点信息并输入服务器数据库中的工作量非常大，现有的系统基本为手动或半自动完成。

【他山之石】▶▶

某企业智慧路灯系统方案

一、系统概述

智慧路灯是指通过应用先进数据采集技术、高效的通信技术、可靠的数据处理技术等相结合，实现对城市各领域的精确化管理和城市资源的节约化利用。智慧路灯具有远程照明控制、安防监控、天气监控、环境监控、智能充电桩、便民Wi-Fi热点服务等功能。充分结合城市道路现有的路灯资源，以路灯为载体，来构建智慧城市建设，同时也合理使用了市政道路公共资源，避免重复资源浪费。智慧路灯监控中心如下图所示。

智慧路灯监控中心

二、系统功能

1.环境监测站

监测系统位于灯杆顶部，理论上无任何物理因素遮挡，数据更真实可靠；监测数据可实时发布在LED信息发布系统上，为市民出行提供参考。

2.智慧照明

实现照明无极调光、单灯控制、故障报警、按需开灯调光、恶劣天气自动开灯，并实现路灯的智能调光、统一管理、节能照明。

3.5G基站

智慧灯杆数据服务器拟预留电源接口功率为≥2kW，12m（包含）以上灯杆基站预留空间为550×250×1300（长×宽×高，单位：mm），12m以下灯杆基站预留空间为500×210×800（长×宽×高，单位：mm），设计样式如下图所示。

气象9要素实时监测
PM2.5、PM10、温度、相对湿度、大气压、噪声、光照度、风速、风向

智慧照明

5G基站

智慧路灯功能

4. Wi-Fi覆盖

方便市民生活,促进旅游业发展。上行采用LAN或者4G接入,下行提供2×2双流高速无线覆盖,搭配云平台,实现射频监控、数据流量管理、安全认证、接入控制、广告推送、人流量监控等功能。

5. 广播音响

平时作为视频广告音源或播放背景音乐,在应急状态下可作语音广播,结合微信扫码还可实现广场舞点播服务。

6. 视频监控

可实现100m范围内视频数据采集、事实还原、犯罪人员追踪、危险人物威慑。在满足常规道路监控,以及全天候的高清录像需求的同时,其还能与应急可视报警设备联动,对特定区域进行监控。

7. LED宣传屏

可实现广告发布、公益宣传、党政宣传、气氛制造,内容可随意远程切换。内容以视频形式呈现,动态画面更有视觉冲击,效果更佳。屏幕箱体与灯杆一体化设计,不惧怕大风雷雨天气。如下图所示。

有LED宣传屏的多功能灯杆

8. 一键报警分机

在遇到突发情况时可按下呼叫按钮向监控中心工作人员寻求帮助。与智能球机联动,及时还原相关事件。

9. 充电桩

采用嵌入型交流7kW慢充充电桩,充分考虑了设备功率、尺寸、整体外观。灯杆外漏信息显示LCD屏和紧急按钮,充电接口安装于灯杆防护盖内部。本产品是单相交流充电桩,主要用于电动汽车交流充电,具备刷卡充电、联网运营、微信支付、远程升级、充电保护等功能。设备采用工业化设计原则,具有良好的防尘防水功能,可在室外安全运行。

第五章

城市景观亮化
智慧照明

导言

　　目前城市景观亮化及建筑园林景观照明大多采用传统的时控开关控制，在这种方式下，所有景观工程验收后开关灯时间就固化下来，需要靠人工手动调整，人力成本大，控制烦琐。在节假日、重大节日庆典等时段，无法快速、灵活地对观景灯进行调整及控制，更无法进行远程控制和运行故障检测，导致管理部门对景观照明的管理力度和细致度大打折扣。

　　物联网城市景观远程照明控制系统可以实现城市景观亮化及建筑园林景观照明的节能照明、无极调光、远程监控、远程通知控制等景观智慧照明功能，可以极大降低景观照明能耗，有效提升景观照明管理效率。

第 ① 节
景观照明亮化概述

一、何谓景观照明亮化

（一）景观照明的定义

景观照明指既有照明功能，又兼有艺术装饰和美化环境功能的户外照明工程。景观照明通常涵盖范围广、门类多，需要整体规划思考，同时兼顾其中关键节点，如小景、建筑等个体的重点照明，因此照明手法多样，照明器的选择也复杂，对照明设计师的整体能力要求较高。

（二）景观照明的对象

一般景观照明对象包括建筑物或构筑物、广场、道路、桥梁、机场、车站、码头、名胜古迹、园林绿地、江河水面、商业街和广告标志以及城市市政设施等，其目的就是利用灯光将照明对象的景观加以重塑，并有机地组合成一个和谐协调、优美壮观和富有特色的夜景图画，以此来表现一个城市或地区的夜间形象。

二、城市景观照明亮化的作用

城市景观照明与亮化的作用主要是为人们创造幽雅舒适的夜间环境；起到安全与警戒的作用；采用一定的照明手法使环境空间呈现出迷人的景色，通过装饰、点缀显示繁华，引导游客，美化城市。

城市广场照明属于特殊环境照明，其灯光的装饰性显得尤为重要。

（一）创造气氛

光线和光彩是创造空间气氛的重要因素。空间的气氛也因光色的不同而变化。对光色的选择应根据不同气候、环境和广场的风格来确定。如使用霓虹灯、各种聚光灯的多彩照明，可使广场的气氛更加活跃；用暖色光照明，可使环境的气氛得到一定的强调，而用青绿色光照明，在夏季则给人以舒适凉爽的感觉。

（二）加强空间感

广场空间的感觉可以通过光的作用表现出不同的效果，当采用漫射光作为空间的整体照明时，使空间有扩大的感觉；直射光线能加强物体的阴影以及光影对比，使空间立体感得到加强。通过不同光的特性，通过亮度的不同分布，可以强调希望注意的地方，也可以用来削弱不希望被注意的次要地方，从而使广场环境得到进一步的完善和美化。照明还可以改变空间的虚实感，使物体和地面脱离，形成悬浮的效果。

（三）光影艺术

光和影本身是一种表现的艺术，如阳光透过树梢向地面洒下一片光斑，疏疏密密随风变幻。我们在进行照明设计中，应该充分利用各种照明装置，形象生动地表现光影效果，从而丰富空间的内容。处理光影的手法多种多样，既可以表现光为主，也可以表现影为主，还可以表现光影合璧。

要表现光影艺术，可以采取表 5-1 所示的 6 种方法。

表 5-1　表现光影艺术的照明方法

序号	方法	说明
1	泛光照明	利用泛光灯对一个平面或一座立体建筑或一件艺术品进行照明，将其造型、特色或历史容貌显露出来，它的特点是被照对象比其背景环境要更加明亮，使被照物有立体感、有特色
2	轮廓照明	轮廓照明是将灯光布置在建筑表面的边缘上，以便在夜间呈现建筑物的造型，突出建筑物的主要特征，目前一般采用美耐灯或冷光灯勾边
3	动感照明	利用投光照明或霓虹灯照明，或塑料灯串发光，并不断变化图案或变化色彩，从而加强照明效果
4	自发光照明	自发光是利用设备本身发光或其颜色进行排列组合起到装饰作用，常用的有装饰带和图案（如蝴蝶、鸟、花）等，并以局部方式显现，采用的设备有霓虹灯、装饰光带、灯箱等，自发光的新技术还有激光器、全息图、幻灯等
5	声光照明	这是一种将声和光相结合，以表演方式进行的照明，以投光照明为基础，用一系列白光和彩色光结合音乐、音响使光产生变化，反映历史事实或其他事件
6	灯光雕塑化小品	灯光雕塑膜技术是利用灯光对透光膜内部进行垂直照射而产生发光的雕塑化小品

三、景观照明亮化与智慧城市

随着现代城市的快速发展，景观照明以及灯光广告等各种照明设施有了很大的发展，在带来城市美观、形象提升的同时，也出现了能源浪费及光污染的问题，亟须一套专业的景观亮化智能监控系统来节省电能资源、减少光污染。自"智慧城市"概念提出以来，以智能化为特征的新一代信息技术在交通、能源、城市绿色发展等方面的智能实践和应用效果已经逐步显现。

（一）"智慧城市"让景观照明更"绿色"

目前照明设施数量大幅增加，照明控制要求更加复杂，只有通过智能控制系统才能实现城市照明的精细化管理，实现环保也更加便利。智慧照明作为"智慧城市"的重要组成部分，它是应用城市传感网、电力线载波技术将城市中路灯联系起来，形成"物联网"，并利用云计算等信息处理技术对海量感知信息进行处理和分析，对包括民生、环境、公共安全等在内的各种需求做出智能化响应和智能化决策支持，使得城市生活照明达到"智慧"和"绿色"的状态。

（二）未来城市景观照明趋势

由于受到城市景观照明行业整体良好发展的推动，我国城市景观照明行业企业也表现出了快速稳定的发展势头，未来城市景观照明的精细化管理将迎来更大的挑战和更多的机遇。此外，景观照明也将因其兼具文化艺术体验和功能照明技艺结合的多重优势，而成为城市照明发展趋势所在，LED光源以及照明设施的智能管理和维护也将得到更加广泛的应用。

景观照明让城市的夜晚更加绚烂多彩，让人、建筑和环境非常和谐地融为一体，满足了人对于多彩灯光效果的多重需求。当前我国城市景观照明发展很快，对完善城市功能、改善城市环境和提高人民生活水平发挥了重要作用。

第 ② 节

城市景观照明的智能化

随着景观照明灯具越来越多的功能要求，景观照明灯具智能化的发展趋势愈发明显，它的智能化是通过智能照明控制系统实现的。

景观照明灯具的智能化能更加节约资源，营造出立体感、层次感等舒适的气氛环境，有利于人们的身心健康。随着人们对精神与物质文明的进一步需求，智能化景观照明产品必将成为市场的宠儿，被广泛应用于各处。

一、城市景观照明的功能

城市景观照明一般有表5-2所示的功能。

表5-2　城市景观照明的功能

序号	功能	说明
1	一般照明	不考虑特殊局部的需要而照亮整个场地设施
2	分区一般照明	根据需要提高特定区域照度的一般照明
3	局部照明	为满足某些部位（通常限定在很小的范围）的特殊需要而设置的照明
4	混合照明	一般照明与局部照明组合的照明
5	应急照明	在正常照明系统失效的情况下用的照明
6	备用照明	在正常照明系统失效时确保正常活动或工作能继续进行的照明
7	安全照明	在正常照明系统失效时，为确保处于潜在危险中的人员安全的照明
8	疏散照明	在正常照明失效时，为确保疏散通道、安全出口能被辨认而使人们安全撤离危险场所的照明
9	直接照明	灯具发出的绝大部分（90%～100%）光直接投射到假定工作面上的照明
10	半直接照明	灯具发出（40%～60%）的光直接投射到假定工作面上，一小部分（10%～40%）光投射到建筑物上的照明
11	均匀漫射照明	灯具发出的一半（40%～60%）光投射到假定工作面上，另一半投影到空间和建筑物上的均匀照明
12	半间接照明	灯具发出的一小部分（10%～40%）光投影到假定工作面上，大部分投影到空间和建筑物上的照明
13	间接照明	灯具发出的很少部分（10%）光投影到假定工作面，绝大部分投射到空间和建筑物上的照明
14	重点照明	为突出目标而设置的定向照明
15	慢射照明	投射在工作面或物体上的光，在任何方向上均无明显差别的照明

二、城市景观智慧照明设计的要求

（一）要求整体性与协调性的艺术照明工作

夜晚景观主要靠灯光来进行艺术加工。那么，如何恰如其分地用艺术手法来表现微观，如何处理微观与微观之间、微观与宏观之间相融相映、浑然一体的艺术联系，这就需要有组织地把一般的灯光照明艺术化。

（二）新型光源、灯具设备的应用

新型光源、灯具设备的发展与应用，也为艺术照明提供了广阔的想象与再现空间，成为影响城市灯光环境的重要因素，得到了人们的关注和欢迎。随着电子技术和气体放电研究的深入，各种功率大、光效高、色谱广、易控制、节能安全的气体放电灯技术日渐成熟，并得到越来越广泛的应用。以激光为例，目前，激光作用艺术照明光源虽已应用于城市广场，但由于技术和设备复杂，其应用还不普及。事实上，激光与光纤及其他新型光源一样，刚刚开始在较大范围的应用，自身尚需不断完善与提高，这些在目前还应用不多的新型照明光源在未来势必成为大量、广泛应用的普通光源，从而带动照明设计界的设计思想的变革。

（三）控制技术的应用

现在设计者和以往相比，从设计到实际操作都发生了巨大变革，现代控制技术已成为建筑环境艺术发展的巨大动力。一方面，设计、计算与渲染的电脑化，特别是模型与色彩效果的电脑模拟，使艺术照明的设计者能在更加逼真的环境中创造自己的作品，调整整体设计。在电脑中，把光源置于不同位置时，屏幕上可展示出三维图形及色彩、阴影与高光等效果，对灯光渲染来说，这将比手工绘制的效果更加逼真、细致，从而可与用户进行更接近实际的交流并容易对方案进行修改；另一方面，自动控制技术的发展，也使设计师能够在实际中创造出过去完全没有可能实施的控制效果与奇妙的灯光景观，从而极大地丰富了灯光的艺术表现能力。

（四）节能设计

在城市环境艺术照明设计和城市灯光环境工程实施中，节能依然是永恒的主题。在综合应用各种能源、设备，并加以协调的同时，要大量采用LED冷光源及太阳能。

三、城市景观照明的智能控制系统设计

（一）城市景观智能照明控制系统的要求

1.应采用灵活的时间控制方式

城市景观智能照明控制系统应采用灵活的时间控制方式，可以实现预约控制和分时控制，并具备设置多种时间方案功能，来实现对每一个回路灵活的控制。预设多种时间控制模式，包括普通模式、按经纬度日出日落开关灯模式、节假日模式、周循环模式、二次开灯模式。系统可以选择自动巡测、手动巡测和选测三种模式。

2.应具有设备分组功能

景观照明控制应具有设备分组功能，可按路段或区域对设备进行分组，从而实现分组控制。系统具有健全的告警处理机制，告警内容包含白天亮灯、晚上熄灯、配电箱异常开门、电压电流越限、回路缺相、回路断路和线路停电等故障，当警报发生时，系统会及时向指定手机用户发送信息。

3.应支持智能手机、平板电脑等多种智能平台

景观智能照明控制系统应支持智能手机、平板电脑等多种智能平台，通过网络接入系统进行开关灯操作、方案设置和设备状态查询。系统支持多种组网以及通信方案的选择，可支持GPRS无线通信方式、以太网通信方式、光纤通信方式等。

（二）城市景观智能照明控制系统的设计原则

城市应通过先进和成熟的技术，建设一个公共、共享和网络化的城市景观照明路灯智能化集中管控系统，实现城市景观照明和路灯的实时控制和精确控制。通过提高照明管控手段来有效保障城市照明质量，实现科学合理的照明用电管理，实现合理高效节电。通过管控系统故障监控手段，杜绝各类故障隐患发生。通过建设景观照明管控系统，提升城市对外形象。

设计企业在设计上遵循统一规划、分步实施的基本原则，以先进、可靠、经济为理念，充分考虑用户的实际情况，并根据用户的实际需求、财力和物力逐步实施，如图5-1所示。

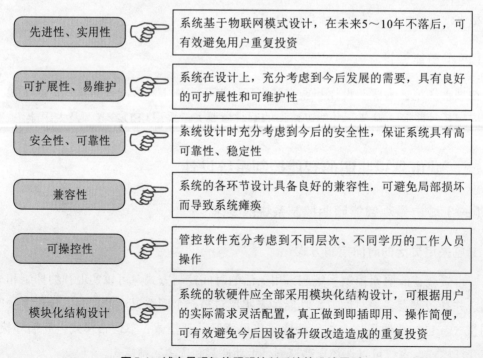

先进性、实用性 ☞ 系统基于物联网模式设计，在未来5～10年不落后，可有效避免用户重复投资

可扩展性、易维护 ☞ 系统在设计上，充分考虑到今后发展的需要，具有良好的可扩展性和可维护性

安全性、可靠性 ☞ 系统设计时充分考虑到今后的安全性，保证系统具有高可靠性、稳定性

兼容性 ☞ 系统的各环节设计具备良好的兼容性，可避免局部损坏而导致系统瘫痪

可操控性 ☞ 管控软件充分考虑到不同层次、不同学历的工作人员操作

模块化结构设计 ☞ 系统的软硬件应全部采用模块化结构设计，可根据用户的实际需求灵活配置，真正做到即插即用、操作简便，可有效避免今后因设备升级改造造成的重复投资

图5-1 城市景观智能照明控制系统的设计原则

（三）城市景观智能照明控制系统的功能要求

城市景观智能照明控制系统的功能要求如表5-3所示。

表 5-3 城市景观智能照明控制系统的功能要求

序号	功能模块	说明
1	远程智能监控	使用手机、平板电脑等智能终端对楼体亮化灯具以及控制器的工作状态进行远程监控，亮化照明控制方案提出"四遥"功能 （1）遥测，即远程采集回路的开关状态等信息 （2）遥控，即远程控制现场灯的开关状态，包括手动开关、模式开关和预约开关 （3）遥信，即远程传输设备运行数据，如故障数据、提醒数据、预警数据等信息 （4）遥调，即远程对现场设备参数进行调整、设置
2	场景控制	用户可根据需要预设多种灯光场景，如平时模式、假日模式和重大节日模式等。重大节日模式可以开启园区所有的景观亮化以增添气氛，而平时模式则可以仅开启少量的景观灯和路灯以减少能耗
3	时间方案控制	支持日期时间方案、经纬度时间方案和周时间方案三种时间方案，每种时间方案都配有自定义的场景模式，用户可预设开关灯时间，也可以按照当地的日出日落时间执行开关灯
4	分区分组控制	可按路段或区域对控制器设备进行分组，对不同的路段或区域进行独立控制
5	电子地图管理	在电子地理地图上对终端设备进行添加、删除、修改、参数设置和开关灯操作
6	故障报警	包括白天亮灯、晚上熄灯、设备掉电、接触器故障等异常报警，故障发生时，主动向管理人员发送报警信息
7	高级存储功能	方案中的景观照明控制器内置程序、时钟、时间表、场景模式、历史记录、报警等高级存储功能
8	远程抄表和设备拓展功能	方案中的景观照明控制器提供RS485通信接口和RS232通信接口，支持远程电表抄表和外接其他通信模块
9	分级用户管理权限	亮化照明控制系统为不同用户提供独立的用户管理界面，区别管理权限

（四）城市景观智能照明控制系统的构成

城市景观照明路灯集中管控系统是基于网络平台软件、Internet互联网络技术、2G/3G/4G移动互联网络技术、LonWorks电力线载波通信技术、传感器技术、自动控制技术等多种服务网络和多种技术架构的有机结合。通过网络平台实现城市公用照明的数字化、智能化、智慧化的管理，是智慧城市不可分割的一个子系统。系统由管控中心、通信网络、智能路灯控制器（集中控制器或监控终端）、单灯控制器、电缆防盗监测系统五部分构成。

1.管控中心

城市应建设一个集中管控中心,管控中心的核心是管控软件。管控软件通过Internet互联网络、2G/3G/4G无线网络与全城配电箱内安装的智能路灯控制器和灯杆里安装的单灯控制器、电缆防盗监测系统建立实时的互访通道,实现城市景观照明路灯的数字化集中管控。

管控软件可记录整个城市照明设施的基础数据,包括照明设施的分布位置和名称、配电箱电气结构、照明线路具体输送地方、功率负荷、照明路灯的安装位置和类型等参数,为今后维护、定位、排查故障提供依据。管控平台软件日常实时远程遥测、遥控、遥信、遥调全部照明设施的电压、电流、功率、用电量、单灯运行状态、电缆运行状态等数据,自动分析、判断、预测和显示故障,当监测到故障时会主动发出报警声响和发出报警短信。管理人员根据城市不同道路的照明需要,通过管控平台为其量身制定开关灯预案和发布开关灯预案。

管理工作人员可以在获得中心合法授权的情况下,通过智能手机安装的专用照明监控App客户软件访问中心服务器,获取城市照明设施运行状况,也可直接下达各项照明控制指令。

2.通信网络

照明智能集中管控系统属于集散分布控制网络系统,其通信方式的选择决定着初期的建设成本和后期安装维护成本,也决定着设施今后的可维护性和可扩展性。根据上述实际情况,采用无线公网通信方式是城市照明集中管控的最优选择。

3.智能路灯控制器

智能路灯控制器也称集中控制器或监控终端,安装在照明配电箱中,通过自身配备的2G/3G/4G无线通信设备与管控中心软件连接,实现照明智能化远程管控。智能路灯控制器通过传感器实时采集照明设备的电压、电流、电量等数据,监测交流接触器、断路器、熔断器等保护器件的运行状态,并将监测数据上传至管控软件分析、处理和显示。

4.单灯控制器

单灯控制器安装在灯杆底部的检修孔内,串接在照明电缆和照明路灯之间。单灯通信基于LonWorks电力线载波技术设计,利用原有路灯电缆作为通信线路,与照明配电箱安装的智能路灯控制器通信,实现城市每盏路灯的监控。其优势:实现每盏路灯监控,无需敷设专用的通信线路,没有通信资费,成本低、安装维护简便,可靠性高、扩展性强,具有无法比拟的通信优势,是单灯控制的首选技术方案。

5.电缆防盗监测系统

照明配电箱负责照明路灯的供电和开关灯控制，白天照明电缆都处于断电状态，很多时候不法分子都是白天将照明电缆割断，夜间拖走。因此电缆防盗监测系统必须具有全天候24小时有电、无电状态下的电缆实时监控。防盗系统由防盗主机和防盗末端构成，防盗主机安装在照明配电箱中，中心可远程设置防盗主机的报警灵敏度、报警开关、报警次数、报警手机号码，防盗主机软件具有较高灵活性，可有效降低系统的误报率。防盗主机还具备现场报警声响驱动、线路断路状态指示、现场报警参数修改等功能，极大地满足了现场操作需要，具有完善的产品设计。防盗末端采用无源工作模式（防盗末端采用电池供电模式，可靠性差，今后维护安装困难），安装在电缆末端。

【他山之石】▶▶

某科技企业楼体亮化智慧照明解决方案

一、方案简介

楼体亮化智能照明控制解决方案（以下简称"楼体亮化照明控制方案"）通过无线通信技术将控制器设备联结成网络，对楼体亮化照明进行集中化、智能化、网络化管理，在为管理者提供先进的照明管理技术手段、提高夜景照明管理水平的同时，节约电能消耗，降低运营成本。

二、楼体亮化照明管理面临的问题

（1）随着城市建设的发展，各级政府和市民越来越注重于城市的形象，对楼体亮化照明管理提出了智能化、自动化的要求。

（2）楼体亮化照明现在多采用分散时控方式，不能及时根据需要调整开关灯时间，也无法及时反应照明设施的运行情况，故障率高，维修困难。

（3）楼体亮化照明通常分布范围广、楼体数目多，依靠人工巡查照明设施，效率低、成本高。

（4）楼体亮化照明的耗电量非常惊人，巨大的电能消耗不仅增加了当地的财政负担，同时由于发电而消耗的煤、石油的能源对环境造成污染。

（5）通常的楼体亮化照明灯具安装在楼体的外立面，配电设施安装在楼顶或者配电竖井内，而控制室都在建筑物一楼或者负一楼，过长的距离导致布线困难、调控不方便。

（6）通常楼体亮化照明涉及的部门较多，包括夜景办、建设局、物业、市政工程管理处等，缺少统一的管理平台，导致管理混乱。

三、方案概述

楼体亮化照明控制方案是针对楼体亮化照明智能化管理的系统性方案。该方案可以通过手机、平板电脑等智能终端对全市范围内的楼体亮化进行远程集中控制，并依据不同的需求设置平日模式、假日模式和重大节日模式等多种开关灯模式，适应亮化和节能的双重需要。当楼体亮化照明发生故障时，智能控制系统自动分析，并及时发送报警信息，管理人员可借助智能终端远程排查，避免远程前往爬楼处理。

四、系统拓扑图

（略）。

五、系统功能

1.远程智能监控

（略）。

2.场景控制

（略）。

3.时间方案控制

（略）。

4.分区分组控制

（略）。

5.电子地图管理

（略）。

6.故障报警

（略）。

7.高级存储功能

（略）。

8.远程抄表和设备拓展功能

（略）。

9.分级用户管理权限

（略）。

六、方案优势

（1）楼体亮化照明控制方案采用先进的无线物联网通信技术和智能控制手段，对楼体亮化照明实现了远程化控制、智能化管理。管理人员能够通过手机、平板电脑等智能终端随时掌控楼体亮化的工作状态，在遇到临时性或突发性的情况时能迅速调整开关灯状态和时间。

（2）一旦现场照明发生故障，智能控制系统将准确定位，自动报警，管理人员借助智能终端远程排查。健全的故障报警功能和远程维护手段省去了人力巡检工作，减轻了工作人员的劳动强度，降低了维护成本。

（3）全年定制、周循环、经纬度控制等灵活的时控机制配有自定义的场景模式，在同一天自动切换不同的灯光效果，勾勒出绚丽的城市风景线，提升了城市自身形象；在平日、节假日、重大活动日等不同的时间提供不同的灯光场景，在美化城市夜空的同时，减少电能消耗。

（4）用户可借助智能终端，通过合理设置设备分组、时间方案、控制模式，在不需要照明的时候自动关闭相关照明，避免不必要的能源浪费。

（5）楼体亮化照明控制系统提供统一的管理平台，保持各部门互联互通，同时可根据需要分配不同的用户管理权限，防止多部门管理发生冲突。

（6）楼体亮化照明控制方案采用无线通信技术，无需布线，解决了楼体内部长距离布线困难的问题；安装简单，普通的现场施工人员即可进行设备的安装、调试，缩减了施工工期和成本。

（7）系统依托云主机网络架构，设备终端容量巨大，可提供城市级运营管理。

（8）系统设备均为高度集成的模块化设计，设备体积更小、故障率更低、性能更稳定，常年无故障率达到10万小时。

【他山之石】▸▸

某科技企业城市广场景观智慧照明解决方案

一、方案简介

城市广场智能景观照明控制解决方案（以下简称"广场景观照明控制方案"）采用由控制器设备、智能终端和服务器平台组成的无线智能照明控制系统，通过手机、平板电脑等智能终端对广场照明实现远程智能监控、远程诊断维护、远程集中管理。该方案能够充分满足文化广场、商业广场、市政广场、纪念广场、娱乐休闲广场、交通广场等各类广场照明对灯光环境的需求，为现代都市提供优美宜人的夜景环境。

二、城市广场景观照明管理面临的问题

（1）对于大多数城市广场来说，美化照明环境，不仅能够集聚人气，吸引顾客光临，而且关系着城市的整体形象。灯光场景要根据不同的功能区域（如景观区、绿化区、集散区、停车场等）进行合理布置，营造出不同的照明效果。另外，广场周边的楼体立面照明需要与广场照明协调工作，交相辉映。

（2）对于大型公共广场来说，照明区域较广，照明设施数量众多，不易进行分组区域化管理，更加难以实现丰富美观的灯光展示效果。

（3）为了给人们提供更好的照明环境，广场的公共照明设备一般会采用功率较大的照明设备，有的设备最大功率可达到上千瓦。对于这种大功率的照明设备，人工直接控制开关，不仅控制起来很不方便，而且存在极大的安全隐患。

（4）广场里的照明设备功率大、分布范围广，每年都会消耗极大的电力能源。因此，采取节能化建设，对照明设备在时间上、区域上进行合理有效的控制和管理，不仅是现代社会能源政策的要求，更是提升政府形象的措施之一。

（5）受气候因素、节假日、人流量的影响，广场照明会经常需要临时调控，假如需要在平日、节假日之间做出不同的景观亮化调整方案，依靠人工到配电柜现场调整，时效性和机动性较差。

三、方案概述

广场景观照明控制方案为城市广场照明准备了自定义的场景功能，当遇到节假日、重大活动日、人流量高峰期等特殊情况，用户可通过手机、平板电脑等智能终端对广场照明进行远程控制，一键切换到预设的灯光场景，大大增强了操作的时效性和安全性。同时，广场照明控制方案把楼体亮化照明纳入城市广场智能照明控制系统中统一管理，协调工作，营造出美轮美奂的广场夜景。

四、系统功能

系统功能同楼体亮化智慧照明解决方案的系统功能。

五、方案优势

（1）使用手机、平板电脑等智能终端实现远程监控，大大提高广场照明系统的管理效率，同时杜绝强电开关对操作者产生的安全隐患。

（2）灵活的时控机制配有自定义的场景模式，能够对广场上数量众多的照明设施进行分组分区域管理，为城市广场照明提供丰富美观的灯光效果。比如重大活动模式开启广场上所有的景观照明来营造气氛，而平时模式则开启主照明和少量的景观照明以节约电能。

（3）对于大多数广场来说，广场照明控制方案可根据每天不同的时间段对应不同的人流量，自动开关广场照明灯，始终保持需要的照明，同时减少不必要的电能消耗。比如商业广场，晚上六点还有霞光，可自动开启主照明方便通行；到晚上七点人流量逐渐增加时自动开启所有的景观亮化照明，以吸引顾客光临；到晚上十一点时商场停止营业，自动关闭所有的景观亮化照明，仅保留广场的轮廓照明以节约能源。

（4）一旦现场照明发生故障，智能控制系统将准确定位、自动报警，管理人员借助智能终端远程排查。健全的故障报警功能和远程维护手段省去了人力巡检工作，减轻了工作人员的劳动强度，降低了维护成本。

（5）在满足灯光效果的前提下，通过智能控制系统的时控机制和场景功能合理地开关照明灯，或使用手机、平板电脑等智能终端快速调整照明状态，在不需要照明的时候及时关闭相应的灯光，大大降低商业广场的照明能耗。

（6）广场照明控制方案把楼体亮化照明纳入城市广场智能照明控制系统中统一管理，即楼体亮化照明远程控制系统与城市广场智能照明控制系统合二为一，提高管理效率，轻松实现不同功能照明的协调统一。

（7）广场照明控制方案采用无线通信技术，无需布线，安装简单，避免地面布线不美观、地下布线不方便，同时减少了施工工期和成本。

附录
智慧照明应用案例

案例 ①

校园照明智能化方案

一、项目简介

校园照明系统以北京理工大学珠海学院校园照明智能化方案为例，其使用先进的智能控制技术与LED节能照明灯具，显著节省了电能消耗。同时将照明灯杆作为载体，在上面部署了多种功能装置，各个装置生成的海量数据由智能网关汇集，传输到公有和私有云，可以进行大数据处理与分析。重要的数据可以显示在大屏幕终端，也可以通过App或者PC发送给学校相关职能部门供决策使用。上述方案突破了照明系统单一的功能，丰富了智慧校园的业务。

项目一期建设部署了8根室外灯杆，分别位于校园中的8个地点，如图6-1所示。后续项目还将加大建设力度。

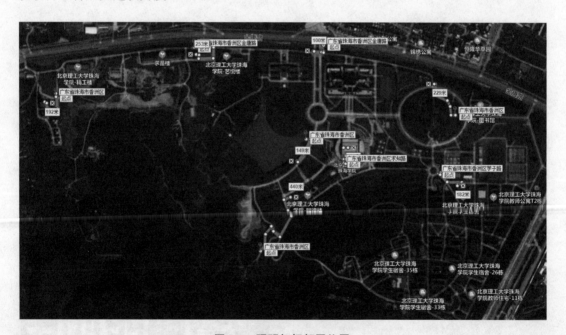

图6-1 照明灯杆部署位置

二、系统方案

北京理工大学珠海学院校园照明智能化方案的系统架构分为公有云方案与私有云方

案，包含云系统、演示监控系统、数据通信系统、供电系统以及灯杆集成系统。两种方案分别如图6-2与图6-3所示。

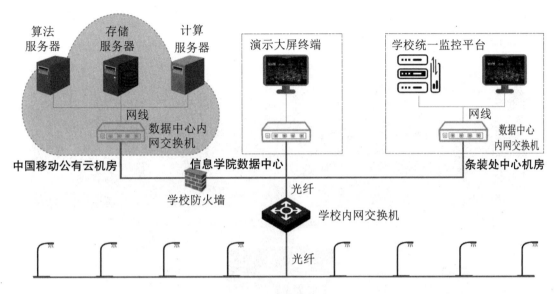

图6-2 公有云方案

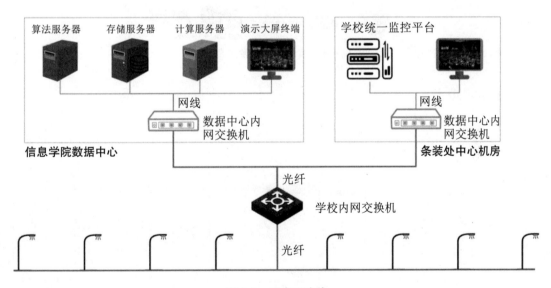

图6-3 私有云方案

（一）云系统

云系统包含算法服务器、存储服务器以及计算服务器。其中计算服务器功能为处理连接、通信、数据计算；存储服务器用于存储采集的数据、文本、图片、视频；算法服务器供后续开发人工智能相关算法应用。

(二)演示监控系统

演示监控系统由18块51in显示屏拼接而成,通过拼接处理器实现大屏的画面拼接、画面漫游、画面叠加等对输入信号的处理和画面分布处理,也可以实现画面场景预布局,如图6-4所示。

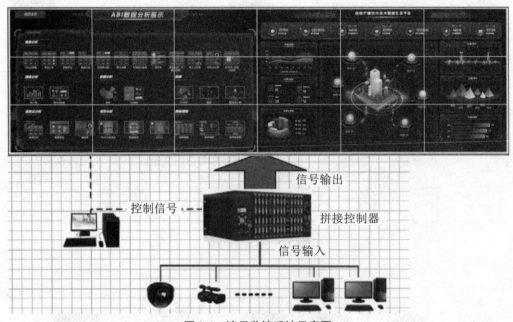

图6-4　演示监控系统示意图

(三)供电系统

供电系统的核心装置是智慧电源,适应不同装置的供电需求,如图6-5所示。

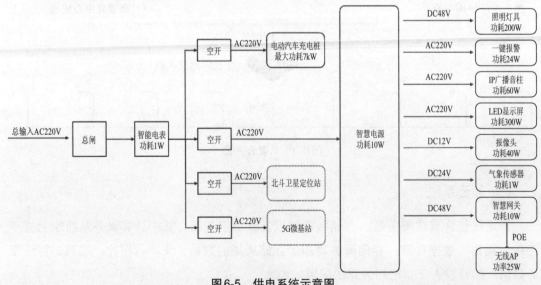

图6-5　供电系统示意图

（四）数据通信系统

私有云方案中智慧灯杆上网关通过光纤接入到校园网，数据分2路，一路接入信息学院数据中心，一路接入学校现有的监控平台。公有云方案中智慧灯杆上网关通过光纤接入到校园网络，数据分2路，一路接入信息学院数据中心，一路接入学校现有的监控平台。智慧网关则将多源数据融合传输到云平台或者服务器。数据通信系统示意图如图6-6所示。

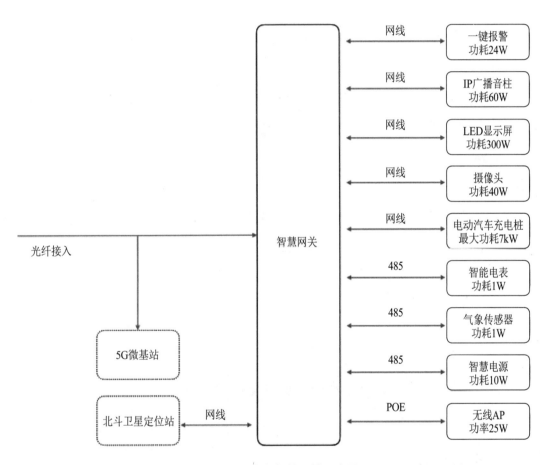

图6-6 数据通信系统示意图

具体操作如下。

（1）将光纤拉到每个灯杆底。

（2）5G微基站直接通过光纤口接入。

（3）智慧网关上行通信口SFP，通过光纤接入到北京理工大学珠海学院校园网。

（4）杆体其他设备通过与智慧网关连接，支持网线、485、POE等。

（五）灯杆集成系统

灯杆系统集成了视频监控装置、一键报警装置、IP音柱、Wi-Fi AP、微基站、火灾监测、智能停车、汽车充电，以及环境监测装置，如图6-7所示。

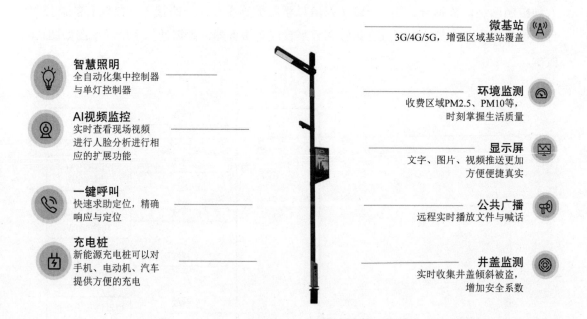

智慧照明
全自动化集中控制器
与单灯控制器

AI视频监控
实时查看现场视频
进行人脸分析进行相
应的扩展功能

一键呼叫
快速求助定位，精确
响应与定位

充电桩
新能源充电桩可以对
手机、电动机、汽车
提供方便的充电

微基站
3G/4G/5G，增强区域基站覆盖

环境监测
收费区域PM2.5、PM10等，
时刻掌握生活质量

显示屏
文字、图片、视频推送更加
方便便捷真实

公共广播
远程实时播放文件与喊话

井盖监测
实时收集井盖倾斜被盗，
增加安全系数

图6-7　灯杆集成系统示意图

案例 ② 铁路照明智慧化方案

一、项目简介

兰渝铁路是渝新欧国际铁路的重要组成部分，也是连接中国西南、西北之间最便捷、快速的通道。2014年兰渝铁路的正式开通，对完善路网布局和西部开发具有重要的意义。兰渝铁路智慧照明项目建设过程中共使用了单灯控制器11377个，集中控制器68个。项目完工后，可对站台及铁路沿线中的单个或全部灯具实现实时控制。另外，还可以根据室外亮度调节亮灯时的灯具亮度。

二、铁路系统照明简介

铁路客站站房的照明系统设计应本着先进、成熟、节能、寿命长的技术特点，并配合建筑总体规划，达到舒适、美观的使用效果；照明器具分组及控制合理安排，满足各种使用状态需求；在充分借助自然光的同时，做到低碳、高效、节能，有效控制光污染。站房的照明设计遵循共同的理念和基本原则，在建筑结构相似的前提下，主要技术标准和方案应尽可能统一，做到个性与共性相协调。

从站房照明方式分为一般照明、分区一般照明、局部照明、混合照明，应根据不同场所的需要考虑节能因素，确定一般照明与局部照明的结合。各场所均应设一般照明，其灯具的布局除了满足各项标准需要外，还应具有分组控制功能。当一般照明不能兼顾时，在检票口、售票口、验证处、业务办理窗口等位置，宜设置局部照明。站房照明种类分为正常照明、应急照明、值班照明、障碍照明等。

三、智能照明控制系统功能

1.实现照明控制智能化

采用智能照明控制系统后，可使照明系统工作在全自动状态，系统将按预先设置切换若干基本工作状态，根据预先设定的时间自动地在各种工作状态之间转换。比如，在售票厅和候车厅人流量高峰期，此时车站的人流量最大，可以打开售票厅以及候车厅的所有区域灯光，以方便人员进出；在白天室外照度充足时，就可以关闭车站内部分照明回路，仅保持1/2或1/3照度，以节约能源；在夜里，对于大型火车站来说，人流量也非常多，可以打开售票厅以及候车厅的所有回路，方便乘客的出入；在火车进站时，通过安装在车道站台上的红外对射传感器，可自动打开车道站台上的照明回路，以方便乘客的上下车。

另外可以通过安装在车站值班室或控制室内的可编程控制面板，根据特殊情况，随时切换不同场景，以适应各种情况下对灯光的要求。

2.可观的节能效果

节约能源和降低运行费用是业主们关心的一个重要问题。由于智能照明控制系统能够通过合理的管理，根据不同日期、不同时间按照各个功能区域的运行情况预先进行光照度的设置，不需要照明的时候，保证将灯关掉，智能照明控制系统能用最经济的能耗提供最舒适的照明；系统能保证只有当必需的时候才把灯点亮，或达到所要求的亮度，从而大大降低了能耗。

3.延长灯具寿命

灯具损坏的致命原因是电压过高。灯具的工作电压越高，其寿命则成倍降低，反之，灯具工作电压降低则寿命成倍增长。因此，适当降低灯具工作电压是延长灯具寿命的有效途径。智能照明控制系统能成功地抑制电网的冲击电压和浪涌电压，使灯具不会因上述原因而过早损坏。还可通过系统人为地确定电压限制，提高灯具寿命。

智能照明控制系统能成功地延长灯具寿命2～4倍，不仅节省了大量灯具，而且大大减少更换灯具的工作量，有效地降低了照明系统的运行费用，对于铁路中难安装区域的灯具及昂贵灯具更具有特殊意义。

4.提高管理水平，减少维护费用

智能照明控制系统，将普通照明人为的开与关转换成了智能化管理，系统将自动按照预先设定的程序运行。如果需要改变，通过一个按键就可以控制所有的灯光，大大减少了火车站的运行维护费用，并带来极大的投资回报。

四、设计依据

《民用建筑设计通则》GB 50352—2005。

《民用建筑电气设计规范》JGJ/T 16—92。

《智能建筑设计标准》GB/T 50314—2000。

《智能建筑评估标准》DG/T 08—2001。

《智能建筑工程质量验收标准》GB 50339—2003。

《智能建筑施工及验收规范》DG/TJ 08-601—2001；J10099—2001。

国家建筑标准设计电气装置标准图集、建筑电气安装工程图集。

五、系统设计及具体实施方案

1.火车站售票厅照明控制

售票厅是火车站的主要照明控制区域之一，为了保持售票大厅的照明环境始终让人感觉舒适，满足各个售票人员和工作人员对售票厅照明的需求，采用智能照明控制系统。

智能照明控制系统采用开关量控制模块、智能控制面板，具有照明手动或自动开启功能。根据不同时间和外部环境可以通过软件编程设定不同的灯光效果，灯光可以根据临时需要进行灵活分割、开启变换，达到节能作用。也可以通过设定时钟的控制方式实现公共照明区域的自动运行，以方便乘客、管理人员及值班人员。通过智能控制面板，可预设多种灯光效果，组合成不同的灯光场景。当需要改变灯光场景时，只需按一下按键，就可以实现灯光场景的改变。

使用智能照明控制系统能成功地抑制电网的冲击电压和浪涌电压，使灯具不会因为电压过大而损坏，延长灯具寿命2～4倍。智能照明控制系统采用了软启动和软关断技术，避免了电网电压瞬间增加，也保护了整个火车站的电网系统。

火车站的场景控制面板安装在综合值班室和综合控制室，避免不必要的人员接触，减少不必要的误操作。

控制方式如下。

（1）中央控制：在主控中心对所有照明回路进行监控，通过电脑操作界面控制灯的开关。

（2）时间控制：根据春、夏、秋、冬设置场景，实现自动开启或关闭回路，并且工作人员可以随时灵活更改。

（3）隔灯控制：根据售票的各个不同时间段，利用隔灯的方式区分照明回路，实现1/3、2/3、3/3照度控制。

（4）现场可编程开关控制：通过编程的方式确定每个开关按键所控制的回路，单键可控制单个或多个回路；在特定时间，可通过安装在值班室或控制室的智能控制面板，进行手动控制。

2.火车站候车厅照明控制

候车厅是火车站的另外一个重要的控制区域，根据不同候车人群数量，开启不同数量的灯，节约能源，同时又能给乘客们一种良好、舒适的感觉。

智能照明控制系统采用开关量控制模块、智能控制面板，具有照明手动或自动开启功能。具体控制内容同售票厅照明控制。

具体控制方式与售票厅照明控制方式相同。

3.火车站车道站台照明控制

火车车道站台照明，也占据了火车站智能照明的一个主要环节。为了方便火车到站时，乘客们能在不同的时间段，安全地上下车，可通过在轨道上安装红外感应，当列车到达时，自动打开必要站台的灯光，方便人群上下车；列车开走后，又自动关闭回路。

同时在火车进站时，为了安全起见，可以自动开启火车站的警报信号，报警一段时间后，自动关闭。这样也很好地保证了乘客们的安全，从而也体现出了智能化照明的特点。

控制方式如下。

（1）中央控制：在主控中心对所有照明回路进行监控，通过电脑操作界面控制灯的开关。

（2）感应控制：当列车到站时，通过安装在车道两旁的红外对射传感器，自动开启或关闭回路，实现自动控制。

（3）现场可编程开关控制：通过编程的方式确定每个开关按键所控制的回路，单键可控制单个或多个回路；在特定时间，可通过安装在值班室或控制室的智能控制面板，进行手动控制。

4.火车站泛光照明控制

火车站室外泛光照明的每个照明回路之间的距离较远，每条回路的功率较大，如采用普通照明，控制起来非常麻烦，很难做到按时开关。采用智能照明则可对室外泛光照明采用多种控制方式，如晚6点开启车站整个景观照明的灯具，晚11点关闭部分景观照明的灯具，晚12点以后只留下必要的照明，具体时间还可根据一年四季昼夜长短的变化和节假日自动进行调整，还可以根据现场情况通过控制面板控制。

通过时间管理自动控制方式：可以按照编好的程序按时间自动进行管理，设置极为简单方便，另外可对所有受控灯具按年、周、日为单位定时控制开关。

通过控制面板控制：每个控制面板和智能控制模块可以储存200个事先预置好的场景，在需要的时候随时可以调用；控制面板放在火车站管理人员操控的地方，这样就避免了车站乘客们的接触，防止误操作。

控制方式如下。

（1）中央控制：在主控中心对所有照明回路进行监控，通过电脑操作界面控制灯的开关。

（2）定时控制：平时、节假日、傍晚、深夜等定时控制。

（3）现场可编程开关控制：通过编程的方式确定每个开关按键所控制的回路，单键可控制单个回路、多个回路。

智能照明控制系统的网络网页伺服控制器含有嵌入式图形化的界面，能有效管理和控制系统，操作界面友好、简单易学、易用，且与TCP/IP网络兼容，也可实现在网络上进行控制。中央监控软件主要功能如下：通过接口软件监视、控制现场回路；定时控制；设定管理密码；感应器管理控制等。

通过智能照明中央监控软件可以完成以下主要功能。

——实时监控：可将照明系统的状况用图形模拟显示在监视器上，操作者可在屏幕上观察到灯具的实际开关状态，并可通过鼠标点击灯具图形来控制各个回路。

——场景控制：在软件菜单上可设置多种场景模式，使用时只需点击相应的模式，系统自动执行；场景模式根据需要可增减和修改。

——时间控制：根据季节、作息时间、照度变化编制好时间控制程序，回路自动按程序开关。

——运行管理：系统可定期采集照明系统的各项数据，便于掌握灯具的使用时间和电费自动记录。

　　——感应控制：启动和停止红外感应器；启动和停止照度传感器。

　　——系统安全：监控软件内设置安全管理密码，对不同的操作人员的权限进行限制，根据用户要求，不同权限的操作人员进行不同的操作。

案例 ③
道路照明智能化方案

一、项目简介

　　杭州市对某区内所有11620盏高压钠灯进行了LED节能智能化改造，总改造功率5000多千瓦。项目不仅将全区路灯改造成LED灯，同时建立了全区智能化管理监控系统，实现全区控制柜"一把闸刀"开关控制、路灯分组分时段调光、故障报警、控制柜用电量异常报警、远程抄表、智能开关灯、数据采集管理和产生报表等功能。

　　整个区域LED路灯节能智能化改造，全区道路照明全部符合国家标准，大大提升了城区道路照明质量；改造整体节电率达70%，大大降低了全区路灯的电能消耗，实现节能减排；改造后减少了维护费用。同时智能化系统的建成，改变传统路灯维护的许多弊端，极大地提升了全区路灯的亮灯率和维修效率，更节省了人力维护巡查、市民投诉情况的发生，提升了区域内城市道路照明智能化管理水平与市容市貌，推动了物联网相关产业的发展，对打造低碳智慧城市具有重要意义。

二、道路照明设计目的

　　实现道路照明的智能管理，并构建道路Wi-Fi服务能力，提供由道路照明承载的视频监控以及资源监测的能力。通过统一道路照明的承载与服务方式，实现厂业园区的物联网体系以及5G基站体系的建设。

　　建设厂业园区信息化网络管理平台，为后续无线城市奠定基础。以节能照明为基础，实现道路照明智能控制管理。建设厂业园区信息发布系统，通过搭载的LED显示屏，实现相关资讯信息的推送与发布。通过视频监控以及物联网信息采集设备，对视频图像以及环境数据等信息进行采集，实现厂业园区的智能化。

三、道路照明范围

（1）人行道。

（2）机动车道。

（3）户外停车区域。

（4）支路。

四、道路照明的现状与趋势

1.现状

（1）我国道路照明的路灯数量每年递增，能源消耗量也随之增加，国内在电力供应上越来越紧张。道路照明缺乏故障主动报警机制，故障灯位难以发现，管理手段单一，维护成本及运营成本较高，为城市管理带来了很大压力。

（2）我国道路照明智能化尚处于试点建设阶段，行业涉及领域宽广，商业模式尚未定型，有待进一步开发。且在很多厂业园区的应用不广泛，公众和应用部门对于这一技术及应用的认知相对滞后。

2.趋势

（1）随着我国云服务、大数据、物联网等技术的快速迭代、应用，智慧园区的建设发展已进入到认识深化和理性实践阶段。道路照明智能化作为智慧园区的重要"入口"，将会越来越多地布局在城市当中。

（2）道路照明智能化集LED照明、信息采集及传输和信息发布、数据处理以及各种物联网技术，将多个领域的功能集成到一根多功能灯杆，实现"一杆多用"，资源共享。

五、道路照明智能化难点

对于道路照明智能化而言，在提供可以集中控制的高效照明以外，还需要实现文字、语音和视频信息发布、视频监控，以及物联网信息采集、环境数据信息采集、信号基站和其他附加功能等，对众多设备的安全性、数据通信的网络稳定性，以及程序控制设计的合理、高效、应急反应措施等要求更高。

六、道路照明智能化需求

我们将以建设道路照明为基础，解决道路亮化照明的同时，通过智能化的建设，使道路照明不仅仅有照明功能，也成为智能感知和网络服务的节点。它像城市的神经网络一样，是整个城市的触角，因此道路照明智能化需求归纳为以下7点。

（1）分区管理：建设通过PLC（电力线载波）搭建的路灯信息化管理，由照明系统的中央控制管理系统对智慧灯具实现开关控制、调光控制（PWM或0~10V调光）、巡检、自动编组、故障报警等功能。

（2）发布系统：通过集成在道路照明上的LED显示屏，园区管理能够实现相关政策在线宣传及即时消息推送等，能够实现广告营销，能够随时随地了解最新资讯，享受智慧园区带来的各类服务。

（3）安防监控：通过摄像头实现行人安防监控，并结合一键报警系统实现智能联动，当报警触发时，摄像头调转到报警位置，监控异常状态，为园区安防后期运营节约人力成本。

（4）网络平台：通过道路照明的光纤网络布局，实现整个道路的网络路路通光纤，成为道路附近的网络接入点，为以后的整个区域的网络搭建建立基础。

（5）停车信息：通过道路照明上搭载用于智能采集停车信息的专用摄像头对实时数据进行采集，统一传送至云平台，获取实时停车信息，以及停车位使用情况并进行管理收费，实现停车资源的云管理。

（6）充电桩：通过道路照明上配备的充电桩，依托道路照明的光纤网络布局，达到充电桩的数据云端共享的目的，实现充电资源的在线管理，如预定以及收费功能。

（7）控制设计：根据不同功能、不同要求实现分组、分区控制，根据需要分为不同功能组，实现群控和组控。

七、道路照明智能化功能

道路照明智能化功能与需求相对应，具体功能如下。
（1）控制系统群控和组控功能。
（2）各类信息发布系统。
（3）实时安防监控系统。
（4）各类数据信息采集系统。
（5）信息化网络平台。
（6）智能化停车信息平台。
（7）充电桩信息化平台。

八、示意图

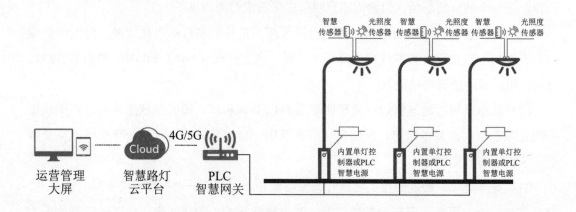

案例 ④

隧道照明智能化方案

1.项目简介

上海某隧道双线双洞，4车道，全长2261米，是连接上海浦东浦西的重要交通枢纽，2015年初开始大修，道路拓宽，灯具全换，总计3500盏，全部实现单灯控制。

隧道照明是电力消耗的主力军，高速公路运营能源消耗的85%发生在隧道内。隧道内弱视觉参照系导致"时空隧道"效应；隧道进出口剧烈过渡的视觉参照系导致"黑洞"效应与"白洞"效应。隧道光环境复杂，存在过渡剧烈、昏暗、单调等诸多因素，给隧道行车造成了极大的风险。

隧道照明系统可以实时跟踪隧道外部环境光的动态变化和车流量大小，自动对隧道内部灯具进行精细化控制、调光及调节色温，减少隧道光源与自然光之间的差异对人视觉生理机能产生的冲突，提高行车的安全性和舒适性，同时最大限度节约运营成本。

2.系统特点

（1）免布线、安装简单、调试周期短，无需前期勘查项目现场，真正即装即用。

（2）利用电力线进行数据通信，比市场现有的无线通信方案更加稳定可靠，传输距离更远。

（3）隧道分段亮度调节，根据隧道出口段、入口段、过渡段、隧道内部分段进行亮度调节。

（4）根据洞外环境亮度，按白天（晴朗）、傍晚（多云）、阴雨天、重阴、夜间、深夜六级标准对洞内路灯照度进行智能控制，包括亮度和色温调节，提高视觉舒适性。

（5）隧道车流量检测。系统实时检测隧道车流量，自动调节照明亮度，车流量少时自动进入节能模式，降低照明能耗。

（6）智能化联动，检测到有车辆进入隧道，提前200m调亮前方灯具，待车辆通过后，延迟让灯具进入节能模式。

（7）24小时在线巡检照明设备工作情况，故障预警主动上报，无需人工进入隧道检查。

3.示意图

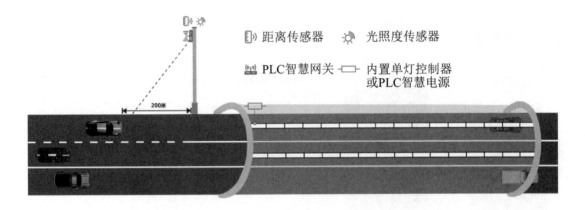

案例 ⑤

城市景观亮化智能化方案

1.项目简介

西安某城区的景观亮化项目，该亮化工程采用5W/6W暖光和黄光瓦楞投射灯为基础勾勒古建筑群体，配以大功率洗墙灯和投光灯为点缀，使整个建筑看起来庄严又整齐。

景观亮化照明需要整个回路进行统一管理，遇到重大节日无法实现远程控制，传统人工管理模式需要花费大量的人力、物力，不符合新型城市发展要求。采用最新一代PLC-IoT技术实现全城景观夜景亮化所有回路统一开关控制，实现城市夜景照明亮化的统一管理，节省人力，减少光污染，提升城市形象；全城亮化点分区管理，节能又避免光污染，减少客户投诉；设备故障自动报警，将有故障预警的设备以软件平台、手机App

等方式第一时间上报维修。

2.系统特点

（1）新一代PLC-IoT（电力线载波通信技术），免布线，安装简单，通信可靠，距离更远。

（2）把不同路段位置的亮化灯具分成若干组，对不同组采用不同的定时控制方案，满足不同景观场景效果。

（3）自动实时远程控制，应对各种临时场景需求。

（4）可以将相关故障、预警、报警信息第一时间主动上报到平台或手机App。

（5）对各个回路及总电源的电流和电压状态、功率状态进行实时监测，由总控检测对各回路采集的数据进行分析，对每一个回路做出判断，对非正常状态的设备进行预警和报警。

3.示意图

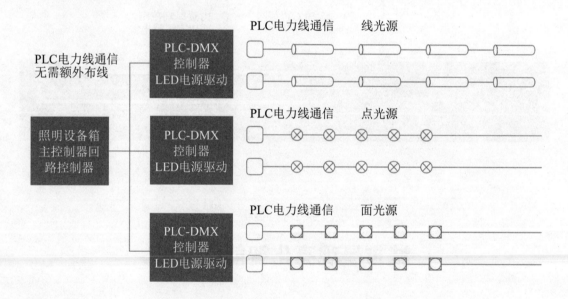

案例 ⑥

停车场照明智能化方案

1.项目简介

深圳某地下停车场内原使用的是28W传统荧光灯管，经过工程人员现场考察，该停车场原灯具有部分已经损坏未能正常照明，区域照度偏暗，亮度不足，有亮的地方很亮、暗的地方很暗等问题。采用智慧方案进行节能改造后，车库整体照明能耗比原来下降了80%，经过工程人员重新调整布局后，灯光更均匀舒适。

停车场面积大、光线差，大量的照明设备24小时常亮，而多数停车场实际的照明需求仅在5小时左右，造成了极大的能源浪费。传统感应灯，响应速度不及时、不精准。车库灯具数量较多，更换、维修工作量大。

停车场智能照明系统可以实时感应人车流量，按需照明，实现车来提前照明，车走延时关灯或自动节能，避免开灯不及时引发事故，大大降低能耗；实时检测灯具情况，上报预警信息，极大降低了维护成本。

2.系统特点

（1）采用PLC-IoT技术，免布线，安装简单，通信稳定可靠，传输距离更远。

（2）分区域、路口，按需照明；车道口、电梯口等多场景照明。

（3）人未到，灯先亮，人走延时进入休眠模式，在不影响用户体验的同时大量节能。

（4）车来车位灯开启，车走或车停车位灯关闭。

（5）二维停车场平面图，定位设备位置，对设备实时精准控制。

（6）24小时在线巡检照明设备工作情况，故障预警实时上报，无需人工巡检。

3.示意图

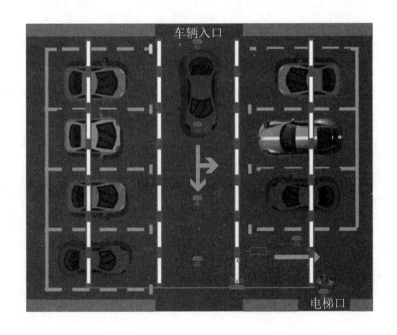